普通高等教育"十三五"规划教材（软件工程专业）

Java 面向对象程序设计

主　编　陈占伟

副主编　崔仲远

中国水利水电出版社
www.waterpub.com.cn

·北京·

内 容 提 要

本书系统介绍了 Java 面向对象编程技术。首先介绍 Java 的基础语法知识；然后介绍本书的核心内容——面向对象程序设计的主要技术与编程思路，其中包括类与对象、属性与方法的定义及应用。中间部分从应用出发，讲述 Java 编程的几个重要专题，其中包括 Java 异常处理、Java 语言基础类库、集合框架、输入/输出以及数据库编程接口等；最后部分介绍 Java 的网络编程、图形界面、多线程、JDK1.5 的主要特性和反射机制等。

本书从 Web 应用开发和 Android 手机应用开发的需求出发，以丰富的图解、实用的案例、通俗易懂的语言详细介绍 Java 面向对象的核心技术，内容深浅适中，注重提高读者运用 Java 面向对象技术解决问题的能力。

本书从 Java 的实际应用技术出发，每个知识点都通过具体实例进行介绍，使读者能快速掌握 Java 程序设计的方法，所有实例都经过 Eclipse 集成开发环境下调试运行，以便于初学者入门。

本书可作为普通高等院校计算机及相关专业 Java 程序设计课程的教材，也适合 Java 初学者及程序开发人员参考使用。

本教材附有配套的源代码、习题答案和教学课件等资源。读者可以到中国水利水电出版社网站和万水书苑上免费下载，网址为 http://www.waterpub.com.cn/softdown/ 和 http://www.wsbookshow.com。

图书在版编目（ＣＩＰ）数据

Java面向对象程序设计 / 陈占伟主编. -- 北京：
中国水利水电出版社，2017.6
普通高等教育"十三五"规划教材. 软件工程专业
ISBN 978-7-5170-5560-0

Ⅰ．①J… Ⅱ．①陈… Ⅲ．①JAVA语言－程序设计－
高等学校－教材 Ⅳ．①TP312

中国版本图书馆CIP数据核字(2017)第160863号

策划编辑：石永峰　责任编辑：李　炎　加工编辑：于杰琼　封面设计：李　佳

书　　名	普通高等教育"十三五"规划教材（软件工程专业） Java 面向对象程序设计 Java MIANXIANG DIUXIANG CHENGXU SHEJI
作　　者	主编　陈占伟 副主编　崔仲远
出版发行	中国水利水电出版社 （北京市海淀区玉渊潭南路 1 号 D 座　100038） 网址：www.waterpub.com.cn E-mail：mchannel@263.net（万水） 　　　　sales@waterpub.com.cn 电话：(010) 68367658（营销中心）、82562819（万水）
经　　售	全国各地新华书店和相关出版物销售网点
排　　版	北京万水电子信息有限公司
印　　刷	北京瑞斯通印务发展有限公司
规　　格	184mm×260mm　16 开本　16.75 印张　412 千字
版　　次	2017 年 6 月第 1 版　2017 年 6 月第 1 次印刷
印　　数	0001—3000 册
定　　价	34.00 元

凡购买我社图书，如有缺页、倒页、脱页的，本社营销中心负责调换

前　　言

Java 语言是面向对象技术语言的典范，也是目前被广泛使用的编程语言之一。而且，Java 语言也是进行 Web 开发的 Java EE 企业框架的基础和核心，掌握 Java 语言并进行典型的 Java 应用开发，既是对普通高等院校计算机及相关专业学生最基本的能力要求之一，也为 Java EE 企业开发框架进行 Web 开发提供技术基础。

本书从 Web 应用开发的实际需求出发，结合后续 Android 手机应用开发需求，并考虑面向对象程序设计的教学要求，对教学内容的选取、编排及习题设计做了仔细的斟酌，确保全书深度和广度适中，并遵循由浅入深、循序渐进的组织原则。本书适合作为普通高等院校 Java 程序设计课程的教材，也可作为 Java 语言学习者的自学用书。

全书内容共分 13 章，下面简要介绍一下本书的主要内容与教学安排。

第 1 章 Java 程序设计语言概述。介绍 Java 的入门知识，Java 语言特点、Java 开发环境的搭建、Java 运行原理，通过示例使读者了解 Java 开发工具 Eclipse 的使用方法，对 Java 程序有一个感性认识。

第 2 章 Java 语言基础。通过示例介绍 Java 程序的基本组成，系统介绍 Java 语言的语法特征，并依次介绍 Java 的数据类型、运算符、表达式、流程控制语言，为后续章节的学习提供了编程基础。本章还介绍了数组和方法，引入了引用数据类型。在学完第 3 章的面向对象编程之后，读者可进一步加深对引用数据类型的理解。

第 3 章 Java 面向对象编程。本章属于本书核心内容，以面向对象编程为主线，首先介绍面向对象程序设计的基本思想，然后介绍类和对象的基本内容，包括类的定义、类与对象的使用和封装性等，重点介绍继承、多态和接口的概念及实现方法，最后介绍包和访问控制权限。

第 4 章 Java 异常。程序的安全性和健壮性是 Java 语言设计的重要目标之一。Java 程序通过异常处理机制，加强了程序应对各种复杂情况的处理能力，使程序的安全性与稳定性得到加强。本章介绍 Java 异常的概念、异常的分类、异常的处理机制和异常的应用等。

通过第 2、3、4 章的学习，读者可以理解并初步掌握 Java 面向对象编程技术，并能够进行程序的异常处理。但要掌握好 Java 语言并具有利用它解决实际问题的能力，仅仅学习语法规则是不够的，还需要掌握 Java 的应用编程接口，即 Java 的类库。本书从第 5 章开始介绍 Java 的常用类库及一些重要的编程技术。

第 5 章 Java 常用类库。在实际编程中，不但需要抽象、定义自己的类，还应该学会如何充分利用系统或开发环境中提供的类。本章介绍了 Java 类库的几个包及其部分常用类的含义和作用。

第 6 章 Java 集合框架。本章从应用的角度介绍常用数据结构，分析不同集合类在查找、存入、取出和排序等操作中的执行效率，通过示例介绍其应用方向。

第 7 章 Java 程序的输入/输出。本章介绍计算机的基本操作——输入/输出。首先介绍文件操作类，然后介绍字节流与字符流，最后介绍几种常用的输入/输出流。通过本章的学习，可以掌握各种流类的基本使用方法。

第 8 章 Java 数据库编程。本章是编写数据库应用程序的基础。首先介绍 JDBC 技术，然后介绍结构化编程基础，最后通过示例介绍 JDBC 基本操作。

第 9 章 Java 网络编程。本章介绍在三种协议 UDP、TCP、HTTP 下 Java 网络编程的实现技术，并通过示例介绍实现方法。

第 10 章 Java 图形界面。本章主要介绍 Swing 图形界面编程。首先介绍 Swing 常用的容器和组件，然后介绍界面布局，最后介绍事件处理。

第 11 章 Java 线程。本章介绍线程的创建、状态、调度、优先级及线程同步。

第 12 章 JDK1.5 三个主要特性。本章介绍了 JDK1.5 版本的三个重要特性：泛型、枚举和注解，重点介绍泛型的应用。

第 13 章 Java 反射机制。本章介绍 Java 动态相关机制，即 Java 的反射机制。

由于本书涉及的 Java 语言技术点较多，使用者和读者可以有选择地使用本书。作为教材使用第 7、9～13 章可以有选择地讲解部分知识点。

通过本书学习 Java 语言，读者不需要具备其他高级语言的背景。当然，读者如果已经熟悉 C、C++等语言，使用本书学习 Java 语言的过程将会变得更加轻松。

程序设计课程是一门实践性很强的课程。本书所有例题都在 Eclipse 集成开发环境下调试运行通过，同时书中辅以相应的练习和实验环节，并附有答案。只要读者能够按照书中的要求边学边练，一定能很快登堂入室，在 Java 语言和面向对象技术所构造的无限畅想空间中享受遨游的乐趣。

本书由周口师范学院计算机科学与技术学院教师陈占伟、崔仲远编写完成，是我院专业教师多年教学和应用开发实践的结晶。

由于作者水平有限，书中难免有疏漏之处，欢迎各位同行和广大读者对本书提出建议和修改意见，我们将非常感激并及时更正。

意见反馈请发送电子邮件至：chenzhanwei@zknu.edu.cn 或 wuyansan@163.com。

编　者
2017 年 3 月

目　　录

第 1 章 Java 程序设计语言概述

本章内容：介绍 Java 语言的特点、目标、开发环境的搭建、运行原理以及开发工具的使用。

学习目标：

- 了解 Java 语言的几个主要特点及 Java 程序的运行原理
- 能够独立安装 JDK 开发工具、配置 Java 运行环境
- 熟悉 Eclipse 集成开发环境，编写并运行一个 Java Application 程序

1.1 Java 简介

Java 是由 Sun 公司开发的一种应用于分布式网络环境的程序设计语言，它已经成为了一个真正意义上的语言标准，Java 的标准指的是一种作为应用层封装的标准，使用 Java 可以调用一些底层的操作，例如 Android 开发就是利用了 Java 调用 Linux 内核操作形成的。一般的初学者认为 Java 是一种编程语言，实际上，Java 不仅是一种语言，它更是一个平台。提供了开发类库、运行环境、部署环境等一系列支持。

根据应用范围的不同，Java 分为三个版本：Java SE、Java EE 和 Java ME。

Java SE（Java Standard Edition）包含了标准的 JDK、开发工具、运行时环境和类库，适合开发桌面应用程序和底层应用程序。同时它也是 Java EE 的基础平台。

Java EE（Java Enterprise Edition）采用标准化的模块组件，为企业级应用提供了标准平台，简化了复杂的企业级编程。现在 Java EE 已经成为了一种软件架构和企业级开发的设计思想。

Java ME（Java Micro Edition）包含高度优化精简的 Java 运行时环境，主要用于开发具有有限的连接、内存和用户界面能力的设备应用程序。例如移动电话（手机）、PDA（电子商务）、能够接入电缆服务的机顶盒或者各种终端和其他消费电子产品。

1.2 Java 语言的特点

Java 语言具有简单性、面向对象、分布式、解释通用性、健壮性、安全性、可移植性、高性能、多线程、动态等特性。另外还提供了丰富的类库，方便用户进行自定义操作。

1.3 Java 的目标

Internet 的迅猛发展，使 Java 迅速成为了最流行的网络编程语言。最初设计 Java 有以下几个目标：

（1）不依赖于特定的平台，一次编写到处运行。

（2）完全的面向对象。

（3）内置的对计算机网络的支持。

（4）借鉴 C++优点，尽量简单易用。

1.4　Java 开发环境的搭建

1.4.1　JDK 的下载安装

JDK（Java Development Kit）是 Java 的开发工具包，是 Java 开发者必须安装的软件环境。JDK 包含了 JRE 和开发 Java 程序所需的工具，如编译器、调试器、反编译器和文档生成器等。JRE（Java Runtime Environment）是 Java 运行时环境，包含了类库和 JVM（Java 虚拟机），是 Java 程序运行的必要环境。如果仅仅运行 Java 程序只安装 JRE 就可以了。Sun 公司网站下载 JDK 的网址为：http://java.sun.com/javase/downloads/index.html。

需要注意，Java 是跨平台的开发语言，根据平台的不同要选择不同的 JDK。本书选择 Windows 平台，在这里 JDK 又分为在线安装包和离线安装包两种，选择离线安装方式。下载的 JDK1.6 安装包保存到硬盘上，文件名为 jdk-6u2-windows-i586-p.exe，执行该文件并按照向导安装。安装前最好关闭防火墙，关闭所有正在运行的程序，接受许可协议，设置 JDK 的安装路径及选择安装的组件对话框，如图 1-1 所示。

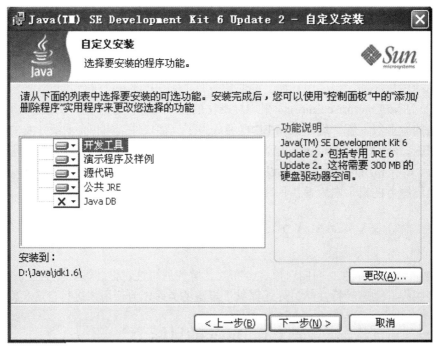

图 1-1　设置 JDK 的安装路径及选择安装的组件对话框

更改安装路径到"D:\Java\jdk1.6"，选择要安装的组件。在安装过程中定义 JRE 安装路径的提示对话框，更改路径到"D:\Java\jre1.6"。在弹出安装完成的提示对话框中，取消"显示

自述文件"复选框的勾选,单击"完成"按钮,即可完成 JDK 的安装。安装到图 1-2 的目录:

图 1-2   JDK 安装路径

主要目录和文件简介如下:

bin 目录:开发工具,包括开发、运行、调试和文档生成的工具,主要是*.exe 文件。

lib 目录:类库,开发时需要的一些类库和文件。

jre 目录:运行时环境,包括 Java 虚拟机、类库、辅助运行的支持文件。

demo 目录:演示文件,附源代码的 Java 文件,演示了 Java 的一些功能。

include 目录:C 语言头文件,支持 Java 本地方法调用的必要文件。

src.zip 文件:Java 核心类源文件,感兴趣的学习者可以解压后研究。

其中,bin 目录中的两个文件最重要,编程中经常使用:

javac.exe——Java 编译器。

java.exe——Java 解释器,调用 Java 虚拟机执行 Java 程序。

单击"开始"/"运行"输入 cmd,如图 1-3 所示。进入 DOS 命令行,输入 Java –version 出现如图 1-4 所示的界面,即为安装成功。

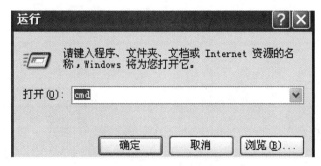

图 1-3   进入 DOS 命令行

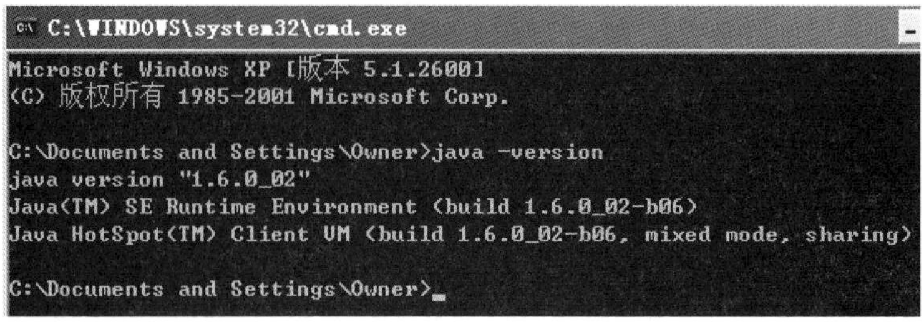

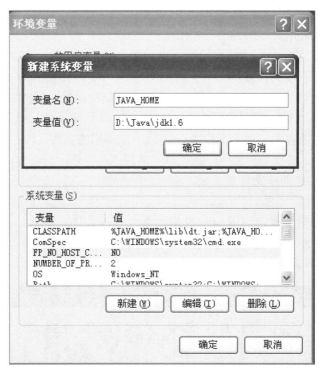

图 1-4　测试 JDK 是否安装成功

1.4.2　Java 开发环境配置

安装完 JDK 后，需要设置环境变量及测试 JDK 配置是否成功，Windows XP 系统下具体步骤如下：

（1）在"我的电脑"上单击鼠标右键，选择"属性"菜单项。在打开的"系统属性"对话框中选择"高级"选项卡，单击"环境变量"按钮，打开"环境变量"对话框，选择针对所有用户的"系统变量"区域中的"新建"按钮。

（2）在"变量名"文本框中输入"JAVA_HOME"，在"变量值"文本框中输入 JDK 的安装路径，单击"确定"按钮，如图 1-5 所示，完成环境变量 JAVA_HOME 的配置。

图 1-5　JAVA_HOME 环境变量的配置

（3）在"系统变量"中查看 path 变量，如果不存在，则新建变量 PATH，否则选中该变量，单击"编辑"按钮，在"变量值"文本框的起始位置添加以下内容：%JAVA_HOME%\bin;，单击"确定"按钮，注意不要漏掉最后的"；"符号。

提示：尽量把"变量值"放在最前面，以避免安装有 Oracle 数据库或其他自带 JDK 存在的版本问题。

（4）在"系统变量"中查看 classpath 变量，如果不存在，则新建变量 classpath，单击"新建"按钮，"变量值"为：.;%JAVA_HOME%\lib\dt.jar;%JAVA_HOME%\lib\tools.jar。

（5）测试 JDK 是否能够在机器上运行，在 DOS 命令行窗口输入"javac"，输出帮助信息即为配置正确。通过 Java –version 查看 JDK 版本，判断是否安装完整。

1.5　Java 程序运行的原理

Java 程序分为两种类型，一种是 Application 程序，另一种是 Applet 程序，其中 Applet 程序主要应用在网页编程上，现在已经基本不再使用，本书不再做任何介绍。有 main 方法的程序是 Application 程序，本书主要讲解的是 Application 程序。

编写 Java Application 程序可以使用简单的 Windows 记事本程序来编写，下面是一个用 Windows 记事本编写的简单 Java 文件，如图 1-6 所示。

图 1-6　Java 的开发运行过程

把代码保存到 D 盘，命名为 HelloWorld.java，在 DOS 命令行编译源代码：Javac HelloWorld.java，编译正确生成 Hello World.class 文件，用 Java 解释器解释执行 class 文件：Java Hello World。如图 1-6 所示。

可以通过如上程序的运行过程来了解 Java 的运行原理，如图 1-7 所示。

通过如上的程序运行原理图可以发现，任何一个*.java 程序首先必须经过编译，编译之后会形成一个*.class 的文件（字节码文件），在电脑上执行的不是*.java 文件，而是编译之后的*.class 文件（这个文件可以理解为"加密"的文件），但是解释程序的电脑并不是一台真正意义上的电脑，而是一台由软件和硬件模拟出来的电脑——Java 虚拟机。

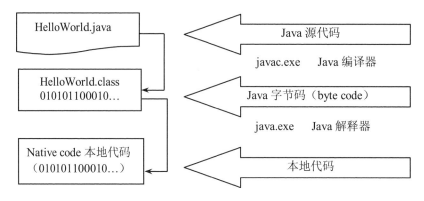

图 1-7 Java 程序运行原理

Java 虚拟机（Java Virtual Machine）是在一台计算机上由软件或硬件模拟的计算机。Java 虚拟机的最大作用是对各个平台的支持，通过如图 1-8 可以发现，所有要解释的程序在 JVM 上执行，但是由不同版本的 JVM 去匹配不同的操作系统，这样只要 JVM 的支持不变，程序可以任意地在不同的操作系统上运行。因此，Java 编译器针对 Java 虚拟机产生 class 文件，是独立于平台的，Java 解释器负责将 Java 虚拟机的代码在特定的平台上运行，实现了可移植性。即 Java "一次编写，到处运行"的特性。但是这种运行方式很明显没有直接运行在操作系统上性能高，不过随着硬件技术的发展，这些问题几乎可以忽略了。

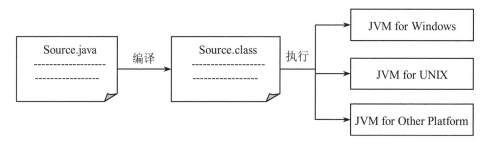

图 1-8 JVM 运行图

1.6 Java 开发工具 Eclipse

Eclipse 是基于 Java 的、开放源码的、可扩展的应用开发平台，它为编程人员提供了一流的 Java 集成开发环境（Integrated Development Environment，IDE）。Eclipse 是利用 Java 语言编写的，因此 Eclipse 可以支持跨平台操作，是一个成熟的可扩展的体系结构。它的价值还体现在为创建可扩展的开发环境提供了一个开发源代码的平台。这个平台允许任何人构建与环境或其他工具无缝集成的工具，而工具与 Eclipse 无缝集成的关键是插件。通过不断地集成各种插件，Eclipse 的功能也在不断地扩展，以便支持各种不同的应用。

1.6.1 Eclipse 的安装与启动

安装 Eclipse 前需要先安装 JDK，关于 JDK 的安装和配置参见 1.4 节中的内容。可以从

Eclipse 的官方网站(http://www.eclipse.org)下载最新版本的 Eclipse。本书使用的 Eclipse Galileo 版本是 3.5。

Eclipse 下载完成后，解压，即完成了 Eclipse 的安装。

在 Eclipse 初次启动时，需要设置工作空间，本书中将 Eclipse 安装到 D 盘根目录下，将工作空间设置在"D:\eclipse\workspace"中，如图 1-9 所示。

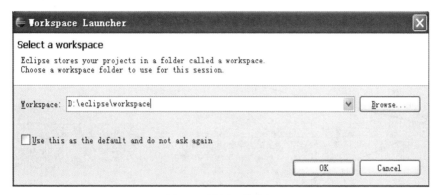

图 1-9　设置工作空间

每次启动 Eclipse 时，都会出现设置工作空间的对话框，如果不需要每次启动都出现该对话框，可以勾选"Use this as the default and do not ask again"选项将该对话框屏蔽。

单击"OK"按钮，进入到 Eclipse 工作台。如图 1-10 所示为 Eclipse 的欢迎界面。

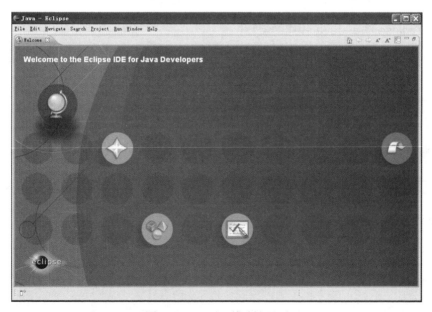

图 1-10　Eclipse 的欢迎界面

Eclipse 工作台是一个 IDE 开发环境。它可以通过创建、管理和导航工作空间资源提供公共范例来获得无缝工具集成。每个工作台窗口可以包括一个或多个透视图。透视图可以控制出现在某些菜单栏和工具栏中的内容。主要有标题栏、菜单栏、工具栏、透视图几部分组成（如图 1-11 所示），其中透视图包括视图和编辑器。

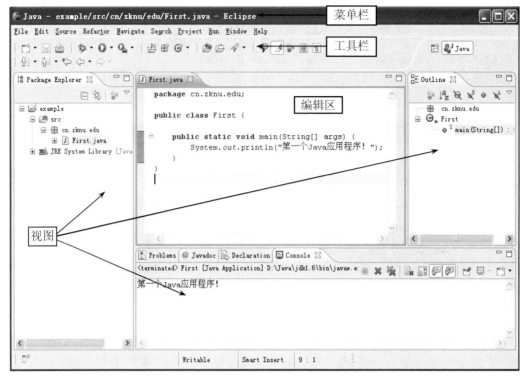

图 1-11 Eclipse 工作台

1.6.2 Eclipse 编写 Java 程序的流程

Eclipse 编写 Java 程序的流程必须经过新建 Java 项目、新建 Java 类、编写 Java 代码和运行程序 4 个步骤，下面分别介绍。

1. 新建 Java 项目

在 Eclipse 中选择"File"/"New"/"Java Project"菜单项，如图 1-12 所示。

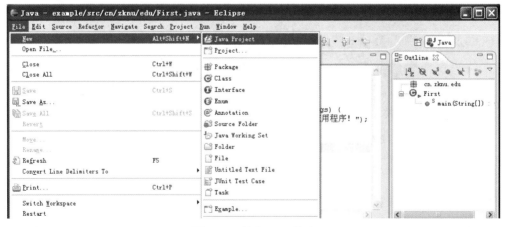

图 1-12 新建 Java 项目

打开新建项目对话框，如图 1-13 所示。

图 1-13　新建项目对话框

单击"Next"按钮，进入到 Java 项目构建对话框，配置 Java 的构建路径，如图 1-14 所示。

图 1-14　项目创建向导——Java 构建设置

在对话框中，Java 的源文件（Java 文件）放在 src 文件夹，生成的 class 文件放在 bin 文件夹，一般不做修改。单击"Finish"按钮，完成 Java 项目的创建。

完成新建 Java 项目后，在"Package Explorer"（包资源管理器）视图中将出现新创建的项目 lesson01。如图 1-15 所示。包资源管理器视图中包含所有已经创建的 Java 项目。

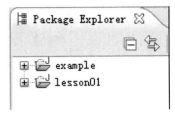

图 1-15　包资源管理器

2．新建 Java 类

在 lesson01 中创建 Java 类，具体步骤如下：

（1）在 lesson01 上鼠标右击"New"/"Class"，弹出"New Java Class"（新建 Java 类）对话框，如图 1-16 所示。

图 1-16　创建 Java 类

- Sourse folder（源文件夹）：用于输入新类的源代码文件夹。
- Package（包）：用于存放新类的包。
- Enclosing type（封闭类型）：选择此项用以选择要在其中封装新类的类型。
- Name（名称）：输入新建 Java 类的名称。
- Modifiers（修饰符）：为新类选择一个或多个访问修饰符。
- Superclass（超类）：为新类选择超类，默认为 java.lang.Object 类型。
- Interfaces（接口）：编辑新类实现的接口，默认为空。

（2）在新类中选择创建哪些方法，默认选项为：

● 将 main 方法添加到新类中。

● 从超类复制构造方法到新类中。

● 继承超类或接口的方法

（3）单击"完成"按钮，完成 Java 类的创建。

3. 编写 Java 代码

在 Eclipse 编辑区编写 Java 程序代码，Eclipse 会自动打开源代码编辑器。下面是编辑区里 HelloWorld 类的代码。

```java
package zknu;
public class HelloWord {
    public static void main(String[] args) {
        System.out.println("第一个Java应用程序！");
    }
}
```

4. 运行 Java 程序

单击工具栏 ▶▾ 按钮右侧的小箭头，在弹出的下拉菜单中选择"Run As/Java Application"菜单项，如图 1-17 所示，程序开始运行，运行结束后，在控制台视图中将显示程序的运行结果，如图 1-18 所示。

图 1-17　运行 Java 程序

图 1-18　程序执行结果

关键字 class 声明了类的定义，HelloWorld 是描述类名的标识符，整个类的定义包括其所有成员都是在一对大括号中（即{}之间）定义完成的，这标志着类定义块的开始和结束。

程序从 main()方法开始执行，所有的 Java 应用程序都必须有一个 main()方法，main()方法是所有 Java 应用程序的起始点。

注意：Java 是区分大小写的，所以 main 与 Main 不同。

关键字 public 是一个访问修饰符，它控制类成员的可见度和作用域。

关键字 void 告诉编译器在执行此 main()方法时，它不会返回任何值。

关键字 static 允许调用 main()方法，而无需创建类的实例。

String []args 是传递给 main()方法的参数，Args[]是 String 类型的数组，String 类型的对象用来存储字符串。Print()方法在屏幕上输出以参数方式传递给它的字符串，System 是一个预定义的类，它提供对系统类的访问，out 是连接到控制台的输出流。

本章小结

本章首先介绍了 Java 的特点和目标，然后引导读者完成 Java 开发环境的搭建，其中包括

JDK 的下载和安装，Java 运行环境，又介绍了 JDK 相关环境变量的配置和 JDK 环境的测试方法。通过 Java 程序的运行过程让读者理解 Java 程序的运行原理。最后，为使读者能够快速掌握 Java 语言程序设计的相关语法、技术以及其他知识点，为大家介绍了目前流行的 IDE 集成开发工具 Eclipse 及其使用方法，开发 Java 程序的流程。

习　　题

1-1　何为字节码？Java 程序平台无关性的实现原理是什么？

1-2　实践安装 JDK，并配置系统环境变量。

1-3　简述 Java 程序的运行原理。

1-4　在下面情况下，程序能不能通过编译，能不能运行，若能运行其结果是什么？

```java
public class J_test {
    public static void main() {
        System.out.println("hello,world");
    }
}
```

第 2 章　Java 语言基础

本章内容：介绍 Java 语言基础知识，包括 Java 程序的基本组成、程序结构、变量与数据类型、运算符和表达式、流程控制语句、数组和方法等。本章内容是面向对象编程的语言基础。

学习目标：

- 了解 Java 程序的基本组成
- 掌握 Java 语言基本元素（关键字、变量、常量等）的定义及使用
- 理解 Java 数据类型的含义，掌握常用数据类型之间的转换
- 掌握 Java 语言的运算符和表达式
- 掌握 Java 语言的流程控制语句
- 掌握数组的定义和使用方法
- 初步理解引用数据类型的含义及应用
- 了解 Java 程序规范

2.1　Java 程序的基本组成

下面给出一个简单的 Java 程序范例，以了解 Java 程序的基本结构。

```java
package zknu;
/**
 * @param TestJavaStructure.java
 * @author chenzhanwei
 * @version v1.0
 */
class Circle{                          // 定义一个圆形类
    final float PI = 3.1415f;          // 声明一个 float 型常量
    int r = 3;                         // 声明一个 int 型变量，初始化值为 3
    /*public float perimeter(int r){   // 求圆周长的方法
        return 2*PI*r;
    }*/
    public float area(int r){          // 求圆面积的方法
        return PI*r*r;
    }
}
public class TestJavaStructure {
    public static void main(String[] args) {
        Circle c = new Circle();       // 创建 Circle 的实例化对象
        c.r = 6;                       // 给类的成员变量 r 赋值
```

```
                          // System.out.println("圆的周长为：" + c.perimeter(c.r));
                          System.out.println("圆的面积为：" + c.area(c.r));
                 }
         }
```

程序运行结果：

```
Problems  @ Javadoc  Declaration
<terminated> Demo [Java Application] E:\J2EE
圆的面积为：113.093994
```

程序说明：

1. 编程的注释

程序的注释有助于提高程序的可读性，还可以屏蔽掉一些暂时不用的语句，等需要时直接取消此语言的注释即可。在 Java 中根据功能不同，分为单行注释、多行注释（或者叫块注释）、文档注释 3 种。下面分别介绍。

（1）文档注释

程序中"/** 注释内容 */"形式为文档注释，这种方法注释的内容会被解释成程序的正式文档，并能包含在如 javadoc 之类工具生成的文档中，用以说明该程序。

（2）单行注释

在注释内容前面加"//"，Java 编译器会忽略掉这部分信息，如程序中下面的语句：

final float PI = 3.1415f;　　// 声明一个 float 型常量

（3）多行注释

在注释内容前面加"/*"，在注释内容后面加"*/"，一般注释内容为多行。如程序中对圆周长方法的注释就是多行注释。

2. class 和 public class

Java 中的关键字，在 Java 中声明一个类的方式主要有两种，即 class 类名称和 public class 类名称。

类是 Java 的基本存储单元，在 Java 中所有的操作都是由类组成的。一般要求把 main 方法放在 public class 声明的类中，public static void main(String[] args)是程序的主方法，即所有的程序都以此方法作为运行起点。public class 类名称的"类名称"必须与文件名相同。

在一个 Java 文件中可以有多个 class 类的定义，但是只能有一个 public class 的定义。

3. 标识符和关键字

Java 语言中的类名、接口名、对象名、方法名、常量名和变量名等通称为标识符，由程序员自己定义。在 Java 语言中，标识符是以字母、下划线（_）和美元符号（$）开始的字符序列，后面可以跟字母、下划线、美元符和数字。建议最好用字母开头，尽量不要包含其他符号。如程序中的类名"Circle""TestJavaStructure"等。

Java 语言还定义了一些具有特殊的意义和用途的关键字，也叫保留字。Java 中的关键字全部用小写字母表示，不能当作合法的标识符使用。Java 中的保留字及描述如表 2-1 所示。

表 2-1　Java 关键字

关键字	描述	关键字	描述
abstract	抽象方法，抽象类的修饰符	instanceof	测试一个对象是否是某个类的实例
assert	断言条件是否满足	implements	表示一个类实现了接口
boolean	布尔数据类型	interface	接口，一种抽象的类型，仅有方法和常量的定义
break	跳出循环或者 label 代码段	long	64 位整型数
byte	8 位有符号数据类型	native	表示方法用非 java 代码实现
case	switch 语句的一个条件	new	分配新的类实例
catch	和 try 搭配捕捉异常信息	package	一系列相关类组成一个包
class	定义类	private	私有字段或者方法等，只能从类内部访问
char	16 位 Unicode 字符数据类型	protected	表示保护类型字段
const	未使用	public	表示共有属性或者方法
continue	不执行循环体剩余部分	return	方法返回值
default	switch 语句中的默认分支	short	16 位数字
do	循环语句循环体至少会执行一次	static	表示在类级别定义，所有实例共享的
double	64 位双精度浮点数	strictfp	使用严格的规则进行浮点数的操作
else	if 条件不成立时执行的分支	super	表示基类
extends	表示一个类是另一个类的子类	switch	选择语句
enum	枚举类型	synchronized	表示同一时间只能由一个线程访问的代码块
final	表示定义常量	this	调用当前实例或者调用另一个构造函数
finally	无论有没有异常发生都执行代码	throw	抛出异常
float	32 位单精度浮点数	throws	定义方法可能抛出的异常
for	for 循环语句	transient	修饰不要序列化的字段
goto	未使用	try	表示代码块要做异常处理
if	条件语句	void	标记方法不返回任何值
int	32 位整型数	volatile	标记字段可能会被多个线程同时访问，不做同步
import	导入类	while	while 循环

　　这些关键字不需要读者去强记，如果编程时使用了这些关键字作为标识符，编译器会自动提示错误。另外，true、false、null 虽然不是关键字，但是作为一个单独的标识类型，也不能直接使用。

　　标识符可以理解为凡是程序员可以定义名称的都叫标识符。在定义标识符时，大小写敏感，尽量遵循"见其名知其意"的原则。Java 标识符的具体命名规则如表 2-2 所示。

表 2-2　Java 标识符的命名规则

元素	规范	示例
类名、接口名	首字母大写	Person　Student　SystemManager
变量名、数组名	小写开头	ageValue　salary　printInformation
函数名（方法名）	小写开头	setCourse　getAge　setUserName
包名	全部小写	com.zknu.czw　sam.gover
常量名	全部大写	MAX_VALUE

4. 常量和变量

所谓常量，就是值永远不允许被改变的量。如果要声明一个常量，就必须用关键字 final 修饰，如程序中常量 PI 的声明和赋值。

final float PI = 3.1415f;　　// 声明一个 float 型常量

在声明常量时，必须立即为其赋值，即初始化。

所谓变量，就是值可以改变的量。变量利用声明的方式将内存中的某个内存块保留下来以供程序使用，变量可以用来存放数据，而使用之前则必须先声明它的数据类型，也可以在声明时立即为其赋值。如程序中变量 r 的声明和初始化。

int r = 3;　　　　　　// 声明一个 int 型变量，初始化值为 3

变量声明时就决定了变量的作用域。在一个确定的域中，变量名应该是唯一的。

变量的作用域可以简单理解为从它的声明处开始，到包围它的{}结束，未声明就不能使用。下面简单介绍 Java 语言中的局部变量。

局部变量指的是一个方法内定义的变量。局部变量根据定义形式的不同，分为三种：

（1）形参：在定义方法时定义的变量，形参的作用域在整个方法内有效。

（2）方法局部变量：在方法体内定义的局部变量，它的作用域是从定义该变量的地方生效，到该方法结束时消失。

（3）代码块局部变量：在代码块中定义的局部变量，这个局部变量的作用域从定义该变量的地方生效，到该代码块结束时失效。

作用域可以嵌套。外部作用域的变量对于内部作用域是可见的，但内部作用域的变量对外部是不可见的。虽然内部作用域的变量对外部是不可见的，但建议开发者避免内外作用域使用相同的变量名。

2.2　Java 语言的数据类型

数据类型是语言的抽象原子概念，可以说是语言中最基本的单元定义，Java 是强类型语言（strongly typed language），所以 Java 对于数据类型的规范会相对严格。Java 语言中，数据类型包括原始类型（简单类型）和引用类型（复合类型）。

原始数据类型包括以下 8 种：

（1）整数类型：byte、short、int 和 long

（2）浮点类型：float 和 double

（3）字符类型：char

（4）布尔类型：boolean

引用数据类型包括：类、接口和数组。

引用数据类型和基本数据类型的内存模型本质上不一样，基本数据类型的存储原理不存在"引用"的概念，都是直接存储在内存中的栈内存上，数据本身的值就存储在栈内存空间中，而 Java 语言中只有这 8 种数据类型是这种存储模型。引用数据类型是存储在有序的内存栈上的，而对象本身的值存储在内存堆上。第 3 章会详细讲解引用数据类型及其内存存储模型，本章主要讲 8 种基本数据类型。

2.2.1　整数类型

Java 是一种强类型语言，即必须为每一个变量声明一种数据类型。整型用于表示没有小数部分的数值，它们都是带符号的。Java 定义了 4 个整数类型：byte、short、int 和 long。

1. byte

byte 即字节型，是最小的整数类型，所占位数为 8 位。取值范围为$-2^7 \sim 2^7-1$ 即$-128 \sim 127$。byte 类型在二进制操作中使用较多，经常用于数据传输，如 IO 数据流的处理，编码转换的操作等。

2. short

short 即短整型，所占位数为 16 位。取值范围为$-2^{15} \sim 2^{15}-1$，即$-32768 \sim 32767$。主要用于 16 位计算机，所以现在很少使用。

3. int

int 即整型，所占位数为 32 位。取值范围为$-2^{31} \sim 2^{31}-1$ 即$-2147483648 \sim 2147483647$。整型是最常用的数据类型之一，经常用于循环的计数器和数组的下标。默认的整型是 int 类型，对程序而言，默认给出的一个数字，实际上就表示的是 int 型数据。

4. long

long 即长整型，所占位数为 64 位。取值范围为$-2^{63} \sim 2^{63}-1$ 即$-9223372036854775808 \sim 9223372036854775807$。长整型也是最常用的数据类型之一，用来表示超过整型的数字，比如时间的毫秒数等。在变量初始化时，long 类型的默认值为 0L 或 0l，也可直接写为 0。

通常情况下，int 类型较常用，如果超过了 int 类型的数据再使用 long 类型。byte 和 short 类型主要用于特定的场合，例如，底层的文件处理或者需要控制占用的存储空间量时（如手机开发）使用。另外，在 Java 中，整型的取值范围与运行 Java 代码的机器无关。这就解决了软件从一个平台移植到另一个平台，或者在同一个平台中的不同操作系统之间进行移植给程序员带来的诸多问题。

整型类型的示例：

```
// int 型是默认的整型数据类型，默认给出的一个数字，实际上就表示是 int 型数据
int a = 10;              // 定义的变量在使用前一定要为其赋予默认值
System.out.println(a * a);
// 整型数据的溢出
int max = Integer.MAX_VALUE;
System.out.println("整型的最大值： " + max); // 整数的最大值
// 整数的最大值加 1 就变成了最小值加 1
System.out.println("整型的最大值+1： " + (max + 1));
System.out.println("整型的最大值+2： " + (max + 2));
// 可通过强制类型转换来解决数据溢出的问题
```

```
System.out.println("整型的最大值+2： " + ((long) max + 2));
// 对 byte 类型赋值和数据处理时要注意丢失精度问题
byte x = 3;
byte y = 2;
byte z = x + y; //自动类型转换，把"x + y"作为 int 型来处理，丢失了精度
byte z = (byte)(x + y); //为了保持精度，强制类型转换
// Java 对 byte 和 short 这 2 种范围较小的整数类型有着特殊的处理规则：
// 二元运算符（不包含+=）和这 2 种类型数据组成的表达式，其运算结果自动转换为 int 类型。
// 但：y += x; 不会发生表达式自动类型转换，请读者自行验证
// long 类型的使用
long zz = 312L;
```

2.2.2 浮点类型

1. float

float 即单精度浮点型，所占位数为 32 位。取值范围为-3.4E38（-3.4×10^{38}）～3.4E38（3.4×10^{38}）。经常用于对小数位精度要求不是很高的场合。float 的默认值为 0.0f 或 0.0F，在初始化时可以写成 0.0。

2. double

double 即双精度浮点型，所占位数为 64 位。取值范围为-1.7E308（-1.7×10^{308}）～1.7E308（1.7×10^{308}）。常用于科学运算或者工程计算。默认的浮点类型是 double 类型。

浮点类型赋值如下：

```
// 浮点型指的是小数，浮点型默认是 double 型
float f = 3.3f;
System.out.println("float 相乘： " + f * f); // 输出结果有 JVM 的 bug
double d = 3.3;
System.out.println("double 相乘： " + d * d);
System.out.println("double 相乘： " + d * 1.0);
```

2.2.3 字符类型

char 即字符型，在存储时用 2 个字节来存储，因为 Java 本身的字符集不是用 ASCII 码进行存储，而是使用 16 位 Unicode 字符集，它的字符范围即 Unicode 的字符范围。这一点决定了 Java 中 char 所占位数不同于 C/C++的 8 位而是 16 位。char 是无符号的，所以取值范围为 0～65535。

在 Java 中使用单引号定义的内容就表示一个字符，例如：'A'、'B'。char 类型除了定义单个字符之外，也可定义组转义字符。常用的转义字符如表 2-3 所示。

表 2-3 常用的转义字符

序号	转义字符	描述	序号	转义字符	描述
1	\\	反斜杠	5	\r	归位
2	\b	倒退一格	6	\ f	换页
3	\'	单引号	7	\t	制表符 Tab
4	\"	双引号	8	\n	换行

字符类型的示例：

```
// char 的编码是 Unicode 编码，包含了 ASCII 编码。
char ch1 = 'a';                         // 字符用单引号'来标识
char ch2 = 97;                          // 用数字来定义字符
System.out.println("ch1=" + ch1);
System.out.println("ch2=" + ch2);
// 转义字符在开发中应用的比较多
char ch3 = '\"';                        // 双引号
char ch4 = '\\';                        // 斜杠
System.out.println("ch3=" + ch3);
System.out.println("ch4=" + ch4);
// 字符型可以自动转换为 int 型
char c = 'A';
int x = c;
System.out.println(x);
x++;
c = (char) x;
System.out.println(c);
char ch = '中';                         // char 类型能表示汉字
System.out.println(ch);
```

2.2.4　布尔类型

boolean 即布尔类型，只包含两个值：true 和 false，不能用"1"和"0"来表示。这 2 个值不能与整型进行相互转换。boolean 表示的是一种逻辑的判断，多用于流程控制语句的条件表达式。

2.2.5　基本数据类型的默认值

在 Java 中，若在声明变量时没有给变量赋初值，则系统会给该变量赋默认值，表 2-4 列出了各种数据类型的默认值。

表 2-4　基本数据类型的默认值

序号	数据类型	默认值
1	byte	(byte)0
2	short	(short)0
3	int	0
4	long	0L
5	float	0.0f
6	double	0.0d
7	char	\u0000(空)
8	boolean	false

虽然系统会对基本数据类型的变量赋默认值，但仍然建议开发者定义变量时给出默认值。

Java 基本类型在使用字面量赋值的时候，有两个简单的特性如下：

（1）当整数类型的变量使用整数赋值时，默认值为 int 类型，即直接使用 0 或者其他数字时，值的类型为 int 类型，所以当使用 long a = 0 这种赋值方式时，JVM 内部会进行数据转换。

（2）当浮点数类型的变量使用小数赋值时，默认值为 double 类型，就是当字面出现浮点类型的赋值时，JVM 会使用 double 类型的数据类型。

以上两点在下面的类型转换章节中进行详细分析。

2.2.6 类型转换

Java 数据类型在定义变量时就已经确定了，因此不能随意转换成其他的数据类型，但 Java 允许用户有限度地做类型转换处理。所有 8 种基本数据类型中，只有 boolean 不能与任何其他数据类型相互转换，剩下的 7 种数据类型可以相互转换，其中 byte 数据类型级别最低，double 数据类型级别最高。转换时根据转换方向的不同，分为"自动转换"和"强制转换"。

1. 自动转换

沿着图 2-1 箭头方向不损失精度的转换称为自动转换，也称作隐式转换。即满足以下两个条件，数据类型之间的转换是自动进行的。

（1）进行转换的两种类型是兼容的。

（2）目标类型的取值范围大于源类型的取值范围。

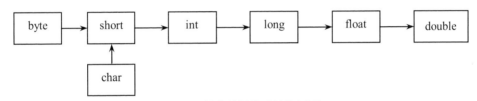

图 2-1 基本数据类型转换规则

解析图 2-1 的基本数据类型转换规则如下：

（1）所有的 byte、short、char 类型的值将提升为 int 类型。

（2）如果有一个操作数是 long 类型，计算结果是 long 类型。

（3）如果有一个操作数是 float 类型，计算结果是 float 类型。

（4）如果有一个操作数是 double 类型，计算结果是 double 类型。

2. 强制转换

与箭头相反的方向有可能损失精度的转换称为强制转换。即在不满足类型自动转换的条件下仍然希望进行类型转换，就只有进行强制转换。通过在源类型的变量或者数值前加"（目标类型）"进行强制转换，这也是为什么强制转换也称作显式转换的原因。

下面程序演示了自动转换和强制转换两种情况。

```java
public class Convert {
    public static void main(String[] args) {
        byte a = 10;          // 定义 byte 类型的变量
        int b = a;            // byte 自动转换为 int
        long c = b;           // int 自动转换为 long
```

```
            double d = b;            // int 自动转换为 double
            float f = 3.14f;         // 定义 float 类型的变量
            double e = f;            // float 自动转换为 double
            int g = (int)f;          // float 强制类型转换为 int
            int h = (int)e;          // double 强制类型转换为 int
        }
    }
```

对于类型转换还存在一个容易被忽视的问题。不妨先来看一个例子：

```
    public class ConvertDemo {
        public static void main(String[] args) {
            byte b = 10;                              // 定义 byte 类型的变量
            byte result = (byte) (b + 4);        // int 强制转换为 byte
            System.out.println("<--result 为"+result+"-->");
        }
    }
```

运行这段程序代码的结果：

对于上面这个例子，细心的读者可能会发现程序里进行了一次强制转换。这次强制转换是否有必要呢？答案是肯定的。因为在 Java 的表达式中会进行类型提升，这种表达式中的类型提升是自动进行的。提升的规则就是将表达式运算结果的类型提升为所有操作数数据类型中取值范围最大的数据类型。在上面的例子中常数 4 被认为是 int 类型。根据这个规则，也就不难理解为什么上面的例子需要进行强制类型转换了。

2.2.7　String

String 是一个类，不属于 Java 的基本数据类型，它属于引用型数据，但是这个类使用起来可以像基本数据类型那样方便的操作，只要编程都会存在字符串处理，字符串是使用双引号定义的一串数据，可以使用 "+" 进行字符串的连接操作。

字符串的定义、连接示例：

```
    String str = "专业：" ;          // 定义字符串
    str += " Computer Science" ;     // 字符串连接
    str = str + "。" ;               // 字符串连接
    System.out.println(str) ;
```

所有的数据类型只要碰到了 String 的连接操作（+），都要进行自动类型转换，所有的类型都会自动转型为 String，再进行字符串的连接操作。示例如下：

```
    // 转型规则：byte->short->int->long->float->double->String
    int i = 10;
    int j = 20;
    String s = "abc";
```

```
String str = "result：";
System.out.println(i + j + s);
System.out.println(i + s + j);
System.out.println(s + i + j);
System.out.println(str + i + j);
System.out.println(str + (i + j));
```

请读者自行验证。

2.3　运算符和表达式

参与运算的常量、变量和表达式统称为操作数。连接操作数完成运算的符号称为运算符。表达式是由操作数和运算符按一定的语法形式组成的符号序列。在 Java 语言中，与类无关的运算符通常分为赋值运算符、算术运算符、关系运算符、逻辑运算符和位运算符。而按操作数的个数又可以分为一元操作符、二元操作符和三元操作符。下面将一一介绍各运算符的使用方法。

2.3.1　赋值运算符

在介绍算术运算符、位运算符、关系运算符和逻辑运算符之前，先简单说明一下赋值运算符。赋值运算符用"="表示，作用就是将数据、变量或对象赋值给相应类型的变量或对象，如下面的代码示例：

```
int i = 12 ;                    // 将数据赋值给变量
long l = i ;                    // 将变量赋值给变量
Object object = new Object();   // 创建类的对象
```

赋值运算符的结合性为从右到左。如下面的代码中，首先是计算表达式"i + 1"，然后将计算结果赋值给变量 result。

```
long result = i + l;
```

变量的赋值可以采用下面的方式：

```
int a = 3, b = 6;               // 声明变量时赋值，此为建议的方式
int a , b ;                     // 声明两个 int 型变量
a = 3 ;       b = 6 ;           // 对 2 个变量分别赋值
```

如果两个变量的值相等可以采用如下方式：

```
int a , b ;                     // 声明两个 int 型变量
a = b = 6 ;                     // 为 2 个变量同时赋值
int a = b = 6 ;                 // 错误的方式
```

2.3.2　算术运算符

算术运算符顾名思义用于在数学表达式中进行算术运算。算术运算符可以用于除布尔类型以外的所有原始数据类型。

算术运算符包括基本算术运算符、简写算术运算符和递增递减运算符。

基本算术运算符及描述如表 2-5 所示。

表 2-5　算术运算符

序号	运算符	功能描述
1	+	加法，二元操作符
2	-	在二元操作中表示减法，而在一元操作中表示取负
3	*	乘法，二元操作符
4	/	除法，二元操作符
5	%	取模，二元操作符

示例如下：

```
// 算术运算符："+"加；"-"减；"*"乘；"/"除；"%"取模（取余数）
System.out.println("算术运算符：");
int i = 3;
int j = 12;
System.out.println(i + "+" + j + "=" + (i + j));  // 加法操作
System.out.println(i + "-" + j + "=" + (i - j));  // 减法操作
System.out.println(i + "*" + j + "=" + (i * j));  // 乘法操作
System.out.println(i + "/" + j + "=" + (i / j));  // 除法操作
System.out.println(i + "%" + j + "=" + (i % j));  // 取模操作
```

运算符 "+" 加、"-" 减、"*" 乘在运算时，与数学中的运算方法相同，而 "/" 除、"%" 取模运算需要注意，下面按无小数参与运算和有小数参与运算分别说明。

1. 无小数参与运算

在除法运算时，无论是否整除，运算结果都将是一个整数，并且不是通过四舍五入得到的整数，而只是简单地去掉小数部分。如下面的代码：

```
System.out.println(13/3);   // 输出结果为 4
System.out.println(3/2);    // 输出结果为 1
```

在取模运算时，运算结果将是一个整数的余数。如下面的代码：

```
System.out.println(13%3);   // 输出结果为 1
System.out.println(19%5);   // 输出结果为 4
```

2. 有小数参与运算

在对浮点类型数或变量进行运算时，如果表达式中含有 double 型数据或变量，则运算结果为 double 型，否则运算结果为 float 型。

在对浮点类型数据或变量进行算术运算时，计算机计算出的结果在小数点后可能会包含 n 位小数，这些小数在有些时候并不精确，计算机计算出的结果反而会与数学运算中的结果存在一定的误差，但都是尽量接近或等于数学运算结果。具体代码如下：

```
System.out.println(4.0F / 2.1F);  // 输出结果为 1.904762
System.out.println(4.0 / 2.1F);   // 输出结果为 1.9047619912629805
System.out.println(4.0F / 2.1);   // 输出结果为 1.9047619047619047
System.out.println(4.0 / 2.1);    // 输出结果为 1.9047619047619047
System.out.println(4.0F % 2.1F);  // 输出结果为 1.9000001
System.out.println(4.0 % 2.1F);   // 输出结果为 1.9000000953674316
System.out.println(4.0F % 2.1);   // 输出结果为 1.9
System.out.println(4.0 % 2.1);    // 输出结果为 1.9
```

在取模运算时，运算结果的符号与第一个操作数的符号相同，运算结果的绝对值一般小于第二个操作数的绝对值，并且与第一个操作数相差第二个操作数的整数倍。具体代码如下：

```
System.out.println(4.0 % 2);          // 输出结果为 0.0
System.out.println(4 % 2.1);          // 输出结果为 1.9
System.out.println(4.0 % -2);         // 输出结果为 0.0
System.out.println(-4 % 2.1);         // 输出结果为 -1.9
System.out.println(4.0 / 2);          // 输出结果为 2.0
System.out.println(4 / 2.1);          // 输出结果为 1.9047619047619047
System.out.println(4.0 / -2);         // 输出结果为 -2.0
System.out.println(-4 / 2.1);         // 输出结果为 -1.9047619047619047
```

与数学运算一样，0 可以作为被除数，但是不可以作为除数。当 0 作为被除数时，如果被除数为整数类型或变量，无论是除法运算，还是取模运算，都会出现下面的异常。java.lang.ArithmeticException: / by zero。开发者要进行异常的捕获（详见第 4 章异常处理）。

Java 语言中定义的这些算术运算符也可以进行复合运算。优先级高的是乘法、除法和取模运算，然后是加法与减法运算。同级的运算遵循从左到右的优先顺序，这与表达式的运算顺序是一致的。

2.3.3 关系运算符

关系运算符用于判断操作数之间的关系，也叫比较运算符，运算的结果是布尔类型，即 true 或者 false。关系运算符及描述如表 2-6 所示。

表 2-6 关系运算符

序号	运算符	功能描述	可运算数据类型
1	>	大于	整数类型、浮点类型、字符型
2	<	小于	整数类型、浮点类型、字符型
3	==	等于	所有数据类型
4	!=	不等于	所有数据类型
5	>=	大于或等于	整数类型、浮点类型、字符型
6	<=	小于或等于	整数类型、浮点类型、字符型

关系运算符的代码示例如下：

```
System.out.println("关系运算符：");
System.out.println("3>1=" + (3 > 1));     // 输出结果为 3>1=true
System.out.println("3<1=" + (3 < 1));     // 输出结果为 3<1=false
System.out.println("3>=1=" + (3 >= 1));   // 输出结果为 3>=1=true
System.out.println("3<=1=" + (3 <= 1));   // 输出结果为 3<=1=false
System.out.println("3==1=" + (3 == 1));   // 输出结果为 3==1=false
System.out.println("3!=1=" + (3 != 1));   // 输出结果为 3!=1=true
```

注意 "==" 和 "=" 的区别："=="是等于号；"="是赋值号。"=="和"!="可以用于所有数据类型，而其他的关系运算符可以用于除布尔类型之外的所有原始数据类型。

一般关系运算符都会结合 if 语句使用，if 语句可以接收布尔类型的数据进行判断。如下代码所示：

```
if (5 > 2) {
    System.out.println("条件成立：5>2");
}
    // 下面的这个 if 语句形式不建议使用
    if (true) {
        System.out.println("直接输出 true");
    }
```

Java 的关系运算符都比较直观，运算结果是布尔类型的值。需要注意的是，计算机在表示浮点数以及进行浮点数运算时均存在误差，因此，在 Java 程序中一般建议不要直接比较两个浮点数是否相等。直接比较两个浮点数的大小常常会与预期的结果不一致，例如：

```
System.out.println((15.2%0.5) == 0.2);    // 输出结果为 false
```

因此，应该慎重对浮点数进行等于或不等于的判断。

常用的比较两个浮点数 d1 与 d2 是否相等的方法如下：

```
(((d2-epsilon)< d1) && (d1 <(d2 + epsilon)))// 比较 d1 与 d2 是否相等
```

其中，epsilon 是大于 0 并且适当小的浮点数，称为浮点数的容差。至于 epsilon 的值取多大较为合适，在计算机领域中一直是个难题，其实它与实际的应用紧密相关，如在财务或网络应用系统中通常取 10^{-5}。

2.3.4　逻辑运算符

逻辑运算符用于对 boolean 型数据进行运算，运算结果仍为 boolean 型，即 true 或 false，不能为其他值。常用的关系运算符及描述如表 2-7 所示。

表 2-7　逻辑运算符

序号	运算符	描述
1	&&	短路与
2	||	短路或
3	&	AND，逻辑与
4	|	OR，逻辑或
5	!	逻辑非
6	^	异或

下面依次介绍各运算符的用法和特点。

1. 运算符"!"

运算符"!"用于对逻辑值进行取反运算，当逻辑值为 true 时，经过取反运算后结果为 false，否则当逻辑值为 false 时，经过取反运算后运算结果则为 true，例如下面的代码：

```
System.out.println(!true);    // 输出结果为 false
System.out.println(!false);    // 输出结果为 true
```

2. 运算符 "^"

运算符 "^" 用于对逻辑值进行异或运算，当运算符的两侧同时为 false 或 true 时，运算结果为 false，否则运算结果为 true，例如下面的代码：

```
System.out.println(true^true);     // 输出结果为 false
System.out.println(false^false);   // 输出结果为 false
System.out.println(true^false);    // 输出结果为 true
System.out.println(false^true);    // 输出结果为 true
```

3. 运算符 "&&" 和 "&"

运算符 "&&" 和 "&" 均用于对逻辑值进行与运算，当运算符的两侧同时为 true 时，运算结果为 true，否则运算结果为 false。逻辑运算符 "&&" 和 "&" 的区别介绍如下。

运算符 "&&" 为短路与，只有当运算符左侧为 true 时，才运算其右侧的逻辑表达式；如果运算符左侧为 false，则后面的条件就不再判断，即后半部分被短路了，所以叫短路与运算。

运算符 "&" 为非短路与，无论运算符左侧为 true 或 false，都要运算其右侧的逻辑表达式，即要求每个条件都判断，最后才返回运算结果。

"短路与" 是最经常使用的代码，但不管是短路或非短路，基本操作结果是一样的。示例代码如下：

```
System.out.println("逻辑运算符：");
boolean b1 = true;
boolean b2 = false;
System.out.println("b1 & b2 =" + (b1 & b2));      // 输出结果为 false
System.out.println("b1 && b2 =" + (b1 && b2));    // 输出结果为 false
```

4. 运算符 "||" 和 "|"

运算符 "||" 和 "|" 均用于对逻辑值进行或运算，当运算符的两侧同时为 false 时，运算结果为 false，否则运算结果为 true。逻辑运算符 "||" 和 "|" 区别介绍如下。

运算符 "||" 为短路或，只有运算符左侧为 false 时，才运算其右侧的逻辑表达式；如果运算符左侧为 true，则后面的条件就不再判断，即后半部分被短路了，所以叫短路或运算。

运算符 "|" 为非短路或，无论运算符左侧为 true 或 false，都要运算其右侧的逻辑表达式，即要求每个条件都判断，最后才返回运算结果。

"短路或" 是最经常使用的代码，但不管是短路或非短路，基本操作结果是一样的。示例代码如下：

```
System.out.println("逻辑运算符：");
boolean b1 = true;
boolean b2 = false;
System.out.println("b1 | b2 =" + (b1 | b2));      // 输出结果为 true
System.out.println("b1 || b2 =" + (b1 || b2));    // 输出结果为 true
```

2.3.5　位运算符

位运算符是对操作数以二进制为单位进行的操作和运算，运算结果均为整数型。位运算符又分为逻辑运算符和移位运算符。位运算符涉及底层，常用于图形或者图像的绘制和拾取等交互过程中，也常用于一些底层的加密算法，如 MD5 等。常用位运算符如表 2-8 所示。

表 2-8　位运算符

序号	运算符	描述
1	&	按位与，逻辑位运算符
2	|	按位或，逻辑位运算符
3	^	按位异或，逻辑位运算符
4	~	按位取反，逻辑位运算符，一元运算符
5	<<	左移，移位运算符
6	>>	右移，移位运算符
7	>>>	无符号右移，移位运算符

逻辑位运算符代码示例如下：

```
System.out.println(5 & -4);        // 输出结果为 4
System.out.println(10 ^ 3);        // 输出结果为 9
System.out.println(3 | 6);         // 输出结果为 7
System.out.println(~(-14));        // 输出结果为 13
```

移位运算符代码示例如下：

```
System.out.println(-2 << 3);       // 输出结果为-16
System.out.println(15 >> 2);       // 输出结果为 3
System.out.println(4 >>> 2);       // 输出结果为 1
System.out.println(-5 >>> 1);      // 输出结果为 2147483645
```

2.3.6　其他运算符

Java 还包含其他几类运算符，如表 2-9 所示。

表 2-9　其他运算符

序号	运算符	描　述
1	+=、-=、*=、/=、%=	复合赋值类运算符
2	++、--	自增自减运算符
3	?:	三元运算符
4	[]	用于声明、建立或访问数组的元素
5	.	用来访问类的成员或对象的实例成员
6	instanceof	对象运算符
7	new	创建对象运算符

1. 赋值类运算符

+=、-=、*=、/=、%=这些赋值类运算符"="的左边是变量，右边是表达式。运算顺序是先计算右边表达式的值，然后将计算所得的值转换成左边变量数据类型所对应的值，最后再将转换后的值赋给该变量。示例代码如下：

```
int a = 5, b = 8;
```

```
System.out.println("改变之前的数是：a = " + a + "，b = " + b);
a += b; // 等价于 a = a + b ;
System.out.println("改变之后的数是：a = " + a + "，b = " + b);
int a1 = 10, b1 = 6;
System.out.println("改变之前的数是：a1 = " + a1 + "，b1 = " + b1);
a1 -= b1++; // 等价于 a1 = a1－b1，b1 = b1+1
System.out.println("改变之后的数是：a1 = " + a1 + "，b1 = " + b1);
```

输出结果为：

```
改变之前的数是：a = 5，b = 8
改变之后的数是：a = 13，b = 8
改变之前的数是：a1 = 10，b1 = 6
改变之后的数是：a1 = 4，b1 = 7
```

2. 自增自减运算符

自增（++）自减（--）运算要求操作数必须是变量。自增的作用是将该变量的变量值加 1，自减的作用是将该变量值减少 1。

自增和自减运算均含有前置和后置两种运算，即包括前自增与后自增，前自减与后自减。自增和自减的前置和后置对操作数变量的作用是一样的，只是在复合运算中有所区别。示例代码如下：

```
int a1 = 3, a2 = 3; // 定义 2 个变量 a1 和 a2
int a3 = 6, a4 = 6; // 定义 2 个变量 a3 和 a4
System.out.print("a1=" + a1);
// 先计算后自增
System.out.println("\t a1++ =" + (a1++) + " a1=" + a1);
System.out.print("a2=" + a2);
// 先自增后计算
System.out.println("\t ++a2 =" + (++a2) + " a2=" + a2);
System.out.print("a3=" + a3);
// 先计算后自减
System.out.println("\t a3-- =" + (a3--) + " a3=" + a3);
System.out.print("a4=" + a4);
// 先自减后计算
System.out.println("\t --a4 =" + (--a4) + " a4=" + a4);
```

输出结果如下：

```
a1=3      a1++ =3  a1=4
a2=3      ++a2 =4  a2=4
a3=6      a3-- =6  a3=5
a4=6      --a4 =5  a4=5
```

建议：尽量不要在表达式的内部使用自增自减运算符，因为代码可读性差，并会产生烦人的 bug。自增自减运算符常用于循环结构 for 和 while 中。

　　3．三元运算符

　　"?:"是 Java 中唯一的一个三元运算符。三元运算符也属于一种赋值运算符，其语法格式如下：

　　逻辑表达式？表达式 1：表达式 2

　　如果逻辑表达式取值为 true，运算结果为表达式 1 的值，否则为表达式 2 的值。

```
int three = 3;
System.out.println(three > 3 ? 12 : 36);
int max = 0 ;            // 保存最大值
int m = 3;               // 定义整型变量 x
int n = 10 ;
max = m>n?m:n ;          // 通过三元运算符求出最大值
System.out.println("最大值为： " + max) ;
```

　　三元运算符在开发中应用较多，请读者重点掌握。三元运算符等价于分支选择结构 if…else 语句，详见 2.4 节 "流程控制语句"。

2.3.7　运算符优先级

　　多个运算符参与运算时会按照运算符的优先级高低依次进行运算。各运算符的优先级如表 2-10 所示（1 代表最高优先级、15 代表最低优先级）。

表 2-10　各运算符的优先级

优先级	运算符	描述	结合性
1	[ ]、（ ）	后置运算符、括号	左结合
2	++ 、--、 ! 、~	一元运算符	右结合
3	* 、/、 %	乘除运算符	左结合
4	+ 、-	加减运算符	左结合
5	>> 、>>>、 <<	移位运算符	左结合
6	> 、<、 >=、 <=	比较运算符	左结合
7	==、 !=	比较运算符	左结合
8	&	按位与运算	左结合
9	^	按位异或运算	左结合
10	|	按位或运算	左结合
11	&&	逻辑与运算	左结合
12	||	逻辑或运算	左结合
13	?:	三元运算符	右结合
14	=、 +=、 -=\、 *= 、/=、 %=、 ^=	赋值及复合赋值	右结合
15	&= 、|=、 <<=、 >>=、 >>>=	赋值及复合赋值	右结合

　　结合性是指处在同一层级的运算符，是按 "先左后右" 还是 "先右后左" 的顺序执行。

常见运算符的优先级数据较多，很难记忆，程序员要掌握如下三条规律：

1. 按操作数多少划分

一元操作符 > 二元操作符 > 三元操作符

2. 按运算符类型划分

算术运算符 > 关系运算符 > 逻辑运算符 > 赋值运算符

3. 使用括号

括号在众多的运算符中优先级最高，所以在多种运算符并存时，尽量多使用括号来控制运算顺序，增强代码可读性。

2.3.8 表达式

表达式是由常量、变量或其他操作数与运算符组合而成的语句。前面运算符的示例就是表达式。

表达式也具有类型，表达式的类型是指表达式运算结果的类型，表达式类型会自动转换，如下程序代码所示。

```
char ch = 'a';// 定义字符变量
short a = -2 ; // 定义短整型变量
int b = 3;    // 定义整型变量
float f = 3.6f;// 定义单精度浮点型变量
double d = 6.28;// 定义双精度浮点型变量
// 输出信息
System.out.print("(ch/a)–(d/f)-(a + b)=");
System.out.println((ch / a) - (d / f) - (a + b)); // 输出结果
```

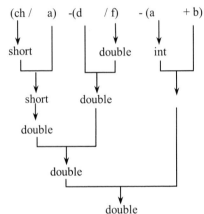

2.4 流程控制语句

任何一种编程语言都有流程控制部分，而且大多数语言的流程控制都非常相似。程序通过流程控制语句完成对语句执行顺序的控制，如循环执行、选择执行等。Java 中的流程控制语句很简洁实用，可以分为选择、循环和跳转 3 大类。

2.4.1 选择语句

选择语句的作用是根据判断条件选择执行不同的程序代码。选择语句分为简单 if 条件语句、if-else 条件语句、if-else if 多分支条件语句和 switch-case 开关语句。

1. 简单的 if 条件语句

if 条件语句的格式如下：

```
if（条件表达式）
    语句
```

或

```
if（条件表达式）{
    语句或语句序列
}
```

语句序列为一条或多条语句。可选参数。

建议采用第 2 种方式以增强可读性。

if 条件语句的执行流程如图 2-2 所示。

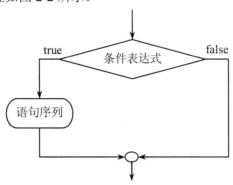

图 2-2　简单 if 语句流程图

例如：

```
if (result >= 90) {
    System.out.println("<--恭喜，这个成绩为优秀！-->");
}
```

2．if-else 语句

if-else 语句的格式如下：

```
if（条件表达式）{
    语句序列 1
} else {
    语句序列 2
}
```

条件表达式：必要参数。其值可以由多个表达式组成，但最后结果一定是 boolean 类型。

语句序列 1：可选参数。一条或多条语句，条件表达式为 true 时运行语句序列 1。

语句序列 2 ：可选参数。一条或多条语句，条件表达式为 false 时运行语句序列 2。

if-else 语句的执行流程如图 2-3 所示。

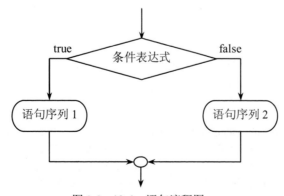

图 2-3　if-else 语句流程图

if-else 语句具体的使用方法可以参看下面的例子：

```java
public class IfElseDemo {
    // 根据输入的合法成绩判断是否合格
    private static void judge(int result) {
        System.out.println("<--成绩为" + result + "-->");
        if (result >= 60) {
            System.out.println("<--恭喜，这个成绩合格！-->");
        } else {
            System.out.println("<--很遗憾，这个成绩不合格！-->");
        }
    }

    public static void main(String[] args) {
        int firstResult = 80;      // 定义 int 类型变量
        int secondResult = 45;     // 定义 int 类型变量
        judge(firstResult);
        judge(secondResult);
    }
}
```

运行这段程序代码的结果：

if-else 语句的嵌套使用示例如下：

```java
public class NestIfElseDemo {
    // 根据成绩判断是否合格
    private static void judge(int result) {
        System.out.println("<--成绩为" + result + "-->");
        if (result < 0 || result > 100) {
            System.out.println("<--对于百分制这个成绩不合法，请检查输入的成绩！-->");
        } else {
            if (result >= 60) {
                System.out.println("<--恭喜，这个成绩合格！-->");
            } else {
                System.out.println("<--很遗憾，这个成绩不合格！-->");
            }
        }
    }
    public static void main(String[] args) {
        int firstResult = 80;              // 定义 int 类型变量
        int secondResult = 45;             // 定义 int 类型变量
        int thirdResult = -10;             // 定义 int 类型变量
        judge(firstResult);
```

```
                judge(secondResult);
                judge(thirdResult);
            }
        }
```

运行这段程序代码的结果：

```
Problems  @ Javadoc  Declaration  Console
<terminated> Demo [Java Application] E:\J2EE相关\eclipse\jre\bin\javaw.exe (
<--成绩为80-->
<--恭喜，这个成绩合格！-->
<--成绩为45-->
<--很遗憾，这个成绩不合格！-->
<--成绩为-10-->
<--对于百分制这个成绩不合法，请检查输入的成绩！-->
```

3．if-else if 多分支条件语句

if-else if 多分支条件语句用于针对某一事件的多种情况进行处理。通常表现为"如果满足某种条件，就进行某种处理，否则如果满足另一种条件才执行另一种处理"。它的一般格式如下：

```
if（条件表达式 1）{
    语句序列 1
}else if（条件表达式 2）{
    语句序列 2
} else if（条件表达式 n）{
    语句序列 n
} else{
    语句序列 n+1
}
```

条件表达式：必要参数。其值可以由多个表达式组成，但其最后结果一定是 boolean 类型，也就是其结果一定是 true 或 false。

语句序列 1：可选参数。一条或多条语句，若条件表达式 1 为 true，则运行语句序列 1。

语句序列 2：可选参数。一条或多条语句，若条件表达式 1 为 false，且条件表达式 2 为 true，则运行语句序列 2。

语句序列 n：可选参数。一条或多条语句，若条件表达式 1 为 false，条件表达式 2 为 false，且条件表达式 n 取值为 true 时，运行语句序列 n。

if-else if 语句的执行流程如图 2-4 所示。

程序依次判断布尔表达式，如果判断为 true，则执行与之对应的程序代码块，而后面的布尔表达全部忽略。如果所有的布尔表达式都为 false，则执行 else 对应的代码块。这种形式可以等价替换上面介绍的嵌套 if-else 语句，如下面的例子：

```
public class IfElseIfDemo {
    // 根据成绩判断是否合格
    private static void judge(int result) {
        System.out.println("<--成绩为" + result + "-->");
        if (result < 0 || result > 100) {
            System.out.println("<--对于百分制这个成绩不合法，请检查输入的成绩！>");
```

```java
        } else if (result >= 60) {
            System.out.println("<--恭喜，这个成绩合格！-->");
        } else {
            System.out.println("<--很遗憾，这个成绩不合格！-->");
        }
    }
    public static void main(String[] args) {
        int firstResult = 80;              // 定义 int 类型变量
        int secondResult = 45;             // 定义 int 类型变量
        int thirdResult = -10;             // 定义 int 类型变量
        judge(firstResult);
        judge(secondResult);
        judge(thirdResult);
    }
}
```

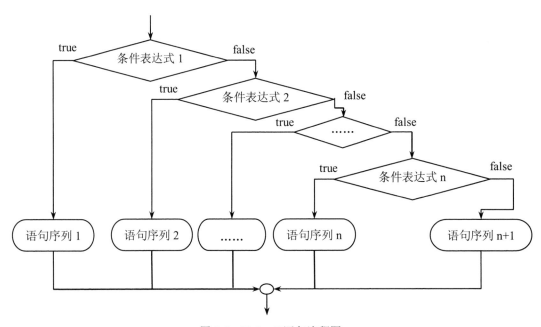

图 2-4   if-else if 语句流程图

运行这段程序代码的结果：

```
 Problems  @ Javadoc  Declaration  Console 
<terminated> Demo [Java Application] E:\J2EE相关\eclipse\jre\bin\javaw.exe
<--成绩为80-->
<--恭喜，这个成绩合格！-->
<--成绩为45-->
<--很遗憾，这个成绩不合格！-->
<--成绩为-10-->
<--对于百分制这个成绩不合法，请检查输入的成绩！>
```

4. switch-case 语句

switch-case 语句是多分支的开关语句，根据表达式的值来执行输出的语句。switch-case

一般用于多条件多值的分支语句中。switch-case 语句的格式如下：

```
switch (表达式){
    case  常量表达式 1：语句序列 1；
                        [break；]
    case  常量表达式 2：语句序列 2；
                        [break；]
        …… ……
    case  常量表达式 n：语句序列 n；
                        [break；]
    default：           语句序列 n+1；
                        [break；]
}
```

表达式：switch 的表达式必须是 byte、short、char 和 int 类型中的一种。

常量表达式 1…n：必须是整型或字符型，且与表达式数据类型相兼容的值，各 case 的值不能重复。

语句序列 1…n：一条或多条语句。

default：可选参数，如果没有该参数，并且所有常量值与表达式的值不匹配，那么 switch 语句就不会进行任何操作。

break：可选参数，主要用于跳转语句。switch 中是直接跳出分支结构。

switch-case 语句的执行过程：switch 表达式的值与 case 的常量依次比较，如果相等，则执行相应 case 后面的所有代码。如果没有与 switch 表达式的值相等的常量，则执行 default 后面的代码。switch-case 多分支语句的执行流程图如图 2-5 所示。

switch 语句具体的使用方法可以参看下面的例子：

```java
public class SwitchDemo {
    public static void main(String[] args) {
        int x = 3;                                  // 声明整型变量 x
        int y = 6;                                  // 声明整型变量 y
        char oper = '+';                            // 声明字符变量 oper
        switch (oper){                              // switch 的判断条件
            case '+':                               // 判断字符内容是否是 "+"
                System.out.println("x+y=" + (x+y));
                break;                              // 退出 switch
            case '-':                               // 判断字符内容是否是 "-"
                System.out.println("x-y=" + (x-y));
                break;                              // 退出 switch
            case '*':                               // 判断字符内容是否是 "*"
                System.out.println("x*y=" + (x*y));
                break;                              // 退出 switch
            case '/':                               // 判断字符内容是否是 "/"
                System.out.println("x/y=" + (x/y));
                break;                              // 退出 switch
            default:                                // 其他字符
                System.out.println("未知的操作！ ");
                break;                              // 退出 switch
```

```
            }
        }
    }
```

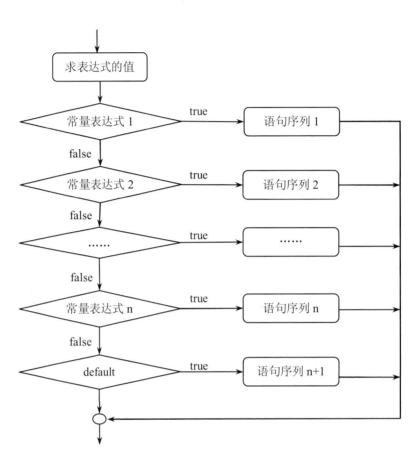

图 2-5　switch-case 多分支语句流程图

运行这段程序代码的结果：

x+y=9

读者可以自行将 oper 值修改为 "+""-""*""/" 等，如果设置的是一个未知的操作，程序将提示 "未知的操作！"。

注意：如果每个 case 的程序代码块的最后没有 break 语句，程序将会执行程序代码块后面的所有代码。读者可自行测试。

if 语句与 switch 语句在对同一个变量的不同值进行条件判断时，使用 switch 语句的执行效率要高一些，尤其是判断的分支越多越明显。而从语句的实用性角度考虑，switch 语句不如 if 语句。if 语句是应用最广泛和实用的语句。

在程序开发过程中，要根据实际情况具体问题具体分析，一般情况下对于判断条件较少的可以使用 if 语句，在实现一些多条件的判断中，就应该使用 switch 语句。

2.4.2　循环语句

循环语句的作用是反复执行一段代码，直到满足某一个条件。在 Java 语言中循环语句有三种形式：for 循环语句、while 循环语句和 do-while 循环语句。

1. for 循环语句

for 循环语句是最常使用的循环语句，一般用在循环次数已知的情况下。它的一般形式如下：

```
for（循环的初始值；循环的判断条件；循环条件的修改){
语句序列（循环体）
}
```

循环的初始值：初始化循环变量。

循环的判断条件：起决定作用，用于判断是否继续执行循环体。其值是 boolean 型表达式，即结果只能是 true 和 false。

循环条件的修改：用于改变循环条件的语句。

语句序列：称为循环体，循环条件的结果为 true 时，重复执行。

从理论上讲，循环的初始值、循环的判断条件、循环条件的修改部分都是可选的。如果语句序列中没有跳转语句，如下代码将会是一个无限循环也称作死循环。

```
for(; ;){
语句序列
}
```

注意：死循环不一定是错误。事实上在 Java 线程中经常会主动构造死循环。

for 语句的执行过程：首先执行循环的初始值的代码，这部分代码只执行一次。然后判断是否满足循环条件，循环条件是布尔表达式。如果满足，则执行循环体中的程序代码，最后进行循环条件的修改。然后再判断是否满足循环条件，如此循环往复直到不满足循环条件。如果不满足，则执行 for 语句后面的程序代码。for 循环语句执行流程图如图 2-6 所示。

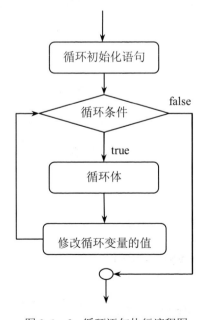

图 2-6　for 循环语句执行流程图

for 语句具体的使用方法可以参看下面的例子：

```java
public class ForDemo {
    public static void main(String[] args) {
        int sum = 0;                                // 定义变量保存累加结果
        for (int i = 1; i <=10; i++) {
            sum += i;                               // 执行累加操作
        }
        System.out.println("1-->10 累加结果为： " + sum); // 输出累加结果
    }
}
```

运行这段程序代码的结果：

  1-->10 累加结果为：55

for 语句可以嵌套使用。嵌套的循环语句就是通常所说的多重循环。下面例子就是一个二重循环。

```java
public class ForNestedDemo {
    public static void main(String[] args) {
        for (int i = 1; i < 9; i++) {               // 第一层循环
            for (int j = 1; j <= i; j++) {          // 第二层循环
                System.out.print(i + "*" + j + "=" + (i*j) + "\t");
            }
            System.out.print("\n");                 // 换行
        }
    }
}
```

运行这段程序代码的结果：

```
1*1=1
2*1=2    2*2=4
3*1=3    3*2=6    3*3=9
4*1=4    4*2=8    4*3=12   4*4=16
5*1=5    5*2=10   5*3=15   5*4=20   5*5=25
6*1=6    6*2=12   6*3=18   6*4=24   6*5=30   6*6=36
7*1=7    7*2=14   7*3=21   7*4=28   7*5=35   7*6=42   7*7=49
8*1=8    8*2=16   8*3=24   8*4=32   8*5=40   8*6=48   8*7=56   8*8=64
```

JDK1.5 后为了方便数组的输出，提供了一种 foreach 语法，格式如下：

```
for(数据类型 变量名称 ： 数组名称){
    语句序列
}
```

使用 foreach 语法输出数组内容的例子如下：

```java
public class ArrayDemo {
    public static void main(String[] args) {
        int[] score = {60,89,86,90,73,56};
        for (int i: score) {
            System.out.print(i + "\t");
```

```
            }
        }
    }
```

程序运行结果如下：

```
Problems  @ Javadoc  Declaration  Console  X
<terminated> Demo [Java Application] E:\J2EE相关\eclipse\jre\bin\javaw.exe
60          89          86          90          73          56
```

2. while 循环语句

while 语句是用一个表达式来控制循环的语句，它的一般形式如下：

```
while(循环条件){
    语句序列
}
```

循环条件：用于判断是否执行循环，它的值必须是 boolean 型，也就是结果只能是 true 和 false。while 语句比较简单，循环条件也必须是布尔表达式。

while 语句的执行过程：首先判断是否满足循环条件。如果满足，则执行循环体中的程序代码；如果不满足，则跳过循环体执行 while 语句后面的程序代码。具体使用方法参看下面的例子：

```java
public class WhileDemo {
    public static void main(String[] args) {
        int x = 1;                                    // 定义整型变量
        int sum = 0;                                  // 定义整型变量保存累加结果
        while (x <= 10) {                             // 判断循环结果
            sum += x;                                 // 执行累加结果
            x++;                                      // 修改循环条件
        }
        System.out.println("1-->10 累加结果为： " + sum); //输出累加结果
    }
}
```

运行这段程序代码的结果：

```
Problems  @ Javadoc  Declaration
<terminated> Demo [Java Application] E:\J2EE
1-->10累加结果为：55
```

像 for 循环语句一样，while 语句也可以嵌套。由于 while 语句比较简单，这里就不再举例了。

3. do-while 循环语句

do-while 语句称为测试循环语句，它利用循环条件来控制是否要继续重复执行语句序列。它的一般形式如下：

```
do {
    语句序列
} while (循环条件);
```

do-while 语句与 while 语句很相似，区别在于：do-while 循环至少被执行一次，它先执行循环体的语句序列，然后再判断是否继续执行。下面的例子说明了 do-while 语句的使用方法。

```java
public class DoWhileDemo {
    public static void main(String[] args) {
        int x = 1;                               // 定义整型变量
        int sum = 0;                             // 定义整型变量保存累加结果
        do {
            sum += x;                            // 执行累加结果
            x++;                                 // 修改循环条件
        } while (x <= 10);                       // 判断循环结果
        System.out.println("1-->10 累加结果为：" + sum); //输出累加结果
    }
}
```

运行这段程序代码的结果：

```
Problems  @ Javadoc  Declaration  E
<terminated> Demo [Java Application] E:\J2EE
1-->10累加结果为：55
```

小结：在不确定循环次数，但是确定循环结束条件的情况下使用 while 循环；能确定循环次数的情况下使用 for 循环。

4. 循环的嵌套

循环的嵌套就是在一个循环体内又包含另一个完整的循环结构，而在这个完整的循环体内还可以嵌套其他的循环结构。循环嵌套很复杂，在 for 语句、while 语句和 do-while 语句中都可以嵌套。并且它们之间也可以相互嵌套。

下面的代码通过循环语句的嵌套实现打印，请读者分析程序写出执行结果。

```java
public class Test {
    public static void main(String args[]) {
        int line = 9 ;
        for (int x = 0 ; x < 9 ; x ++) {
            for (int y = 0 ; y < line - x ; y ++) {
                System.out.print(" ") ;
            }
            for (int y = 0 ; y <= x ; y ++) {
                System.out.print("* ") ;
            }
            System.out.println() ;
        }
    }
}
```

5. 循环中的跳转语句

Java 语言的循环结构中支持多种跳转语句。分别为：break 跳转语句、continue 跳转语句和 return 跳转语句。从结构化程序设计的角度考虑，不鼓励开发者使用中断语句，本节为读者介绍 break 及 continue 语句。

（1）break 语句

break 语句可以强迫程序中断循环，当程序执行到 break 语句时，即会离开循环，继续执行循环外的下一个语句，如果 break 语句出现在嵌套循环中的内层循环，则 break 语句则会跳出当前层的循环。以下面的 for 循环为例，在循环主体中有 break 语句时，当程序执行到 break 时，会离开循环主体，而继续执行循环外层的语句。下面的例子说明了 break 语句的使用方法。

```java
public class BreakDemo {
    public static void main(String[] args) {
        for (int i = 0; i < 10; i++) {              // 使用 for 循环
            if (i == 3) {                           // 如果 i 的值为 3，则退出整个循环
                break;                              // 退出整个循环
            }
            System.out.print("i=" + i + "  ");     // 打印信息
        }
    }
}
```

运行这段程序代码的结果：

```
Problems  @ Javadoc  Declaration
<terminated> Demo [Java Application] E:\J2EE
i=0   i=1   i=2
```

从程序的运行结果可以发现，当 i 的值为 3 时，条件满足，则执行 break 语句退出整个循环。

（2）continue 语句

continue 语句可以强迫程序跳到循环的起始处，当程序运行到 continue 语句时，会停止运行剩余的循环主体，回到循环的开始处继续执行。下面的例子说明了 continue 语句的使用方法。

```java
public class ContinueDemo {
    public static void main(String[] args) {
        for (int i = 0; i < 10; i++) {              // 使用 for 循环
            if (i == 3) {
                continue;                          // 退出一次循环
            }
            System.out.print("i=" + i + "  ");     // 打印信息
        }
    }
}
```

运行这段程序代码的结果：

```
Console    Problems  @ Javadoc  Declaration
<terminated> Demo [Java Application] E:\J2EE相关\eclipse\jre\bin\javaw.exe
i=0   i=1   i=2   i=4   i=5   i=6   i=7   i=8   i=9
```

从程序的运行结果中可以发现，当 i 的值为 3 时，程序并没有向下执行输出语句，而是退回到了循环判断处继续向下执行，所以 continue 只是中断了一次的循环操作。

2.5　数组与方法

数组是最为常见的一种数据结构，通过数组可以保存一组数据类型相同的数据，数组一旦创建，它的长度就固定了。在数组中有以下几个概念：

- 数组的名字：用来标识一个数组；
- 数组的类型：数组中所有的数据具有相同的类型；
- 数组的元素：数组中的一个数据称为一个元素；
- 数组的索引：元素的序号，第一个元素索引从 0 开始；
- 数组的长度：整个数组的元素个数。

数组是一组相关数据的集合，属于引用数据类型，按维度可以分为一维数组、二维数组和多维数组。

2.5.1　一维数组

如果一个数组的所有元素都不是数组，则该数组称为一维数组。使用数组之前同样要先声明，数组的声明和变量的声明一样，声明时要先声明数组的类型和名称。一维数组的声明方法如下：

　　数据类型 数组名[ ] 或者 数据类型[ ] 数组名;

如：声明一个整型的数组 buffer

　　int[] buffer;

数组类型是引用类型（复合类型），所以声明的数组变量也是引用类型，在声明时还没有为数组变量分配相应的内存空间，所以为空，这也是为什么声明数组的时候并不要求指明数组大小的原因。为一维数组分配内存空间的方法为：

　　数组名 ＝ new 数据类型[数组大小];
　　数据类型 数组名[ ] = new 数据类型[数组大小]; 或者
　　数据类型[ ] 数组名= new 数据类型[数组大小];

举例如下：

```
buffer = new int[5];
int[]buffer = new int[50];                    //声明数组的同时创建数组，或者
int[]buffer = new int[]{10,20,30,40,60};      //声明数组同时创建数组并赋初值，因为格式比较繁
                                                琐，较少使用
```

使用关键字 new 创建数组时所有元素已经被初始化，元素都是默认值。这种初始化称为"动态初始化"。还有一种不使用关键字 new，在声明数组的同时就完成创建和初始化工作，称为"静态初始化"。

```
int[]　buffer = {2,3,4,1,9};  //不使用 new 必须写在一行
```

分配了内存空间的数组就可以通过声明的数组名和下标来访问数组中的元素了。下标从 0 开始到数组大小减 1。不同于 C 和 C++，Java 会进行数组越界检查，也就是说使用数组名和超过数组大小的下标进行访问是被禁止的。

Java 执行时使用的是一个内存，为了方便对 Java 的内存管理进行介绍，本书把 Java 的内存分为四个区：代码区、数据区、栈内存和堆内存。

代码区（code segment）：主要存放程序代码及对象的方法，并且是多个对象共享一块存储区。

数据区（data segment）：存放的是静态（static）变量和字符串变量。

栈内存（stack）：存放对象引用、局部变量、基础数据类型、方法的形参、方法的引用参数等。在使用完毕或生命周期完成后就直接回收，不需要垃圾回收机制回收。

堆内存（heap）：以任意的顺序，在运行时进行存储空间分配和回收的内存管理模型。Java 对象的内存总是在 heap 中分配，需要垃圾回收机制回收。

图 2-7 是在程序运行过程中的内存管理示意图。

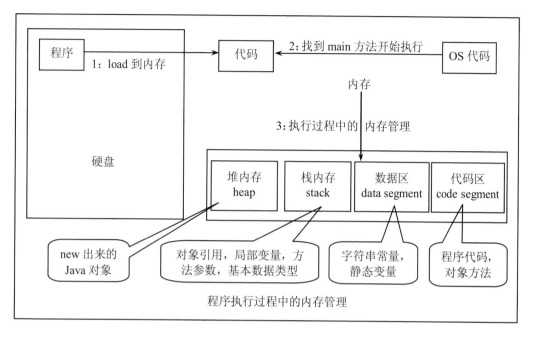

图 2-7　程序运行过程中的内存管理

下面通过实例来分析数组的内存操作过程，包括数组的声明、创建、获得数组长度，赋值和输出操作。取得数组长度的方法：数组名称.length。此方法返回一个 int 型数据。

```java
public class ArrayDemo01 {
    public static void main(String[] args) {
        int[] score = null;             // 声明数组，但未开辟堆内存空间
        score = new int[3];             // 为数组开辟堆内存空间
        for (int i = 0; i < score.length; i++) {
            System.out.println("score["+i+"]=" + score[i]);      // 输出数组的全部内容
        }
        for (int i = 0; i < score.length; i++) {
            score[i] = 2*i;             // 为每一个元素赋值
        }
        for (int i = 0; i < score.length; i++) {
                                        // 输出数组的全部内容
            System.out.println("score["+i+"]=" + score[i]);
        }
    }
}
```

这段程序代码的运行结果如下：

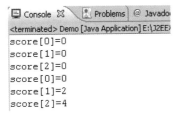

```
score[0]=0
score[1]=0
score[2]=0
score[0]=0
score[1]=2
score[2]=4
```

执行的内存操作流程如图 2-8 所示。

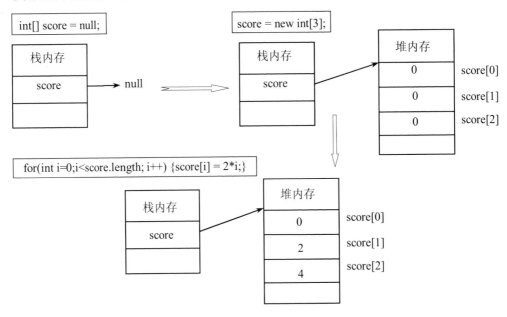

图 2-8　内存操作流程

从程序运行结果和内存操作流程可以看到，在栈内存中保存的永远是数组的名称。只开辟了栈内存空间的数组是永远无法使用的，必须有指向的堆内存才可以使用。要想开辟新的堆内存必须使用关键字 new，此时将此堆内存的使用权交给了对应的栈内存空间，而且一个堆内存可以同时被多个栈内存空间所引用。例如对下面的数组的赋值，其内存操作流程如图 2-9 所示。

int[] a = {1,2,3};　　// 声明数组 a 并静态初始化
int[] b = a;　　// 声明数组 b 并把数组 a 赋值给数组 b

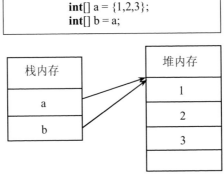

图 2-9　内存操作流程

数组是引用数据类型，以后学到的类、接口等引用数据类型的内存分配操作与数组相同。

2.5.2　二维数组

如果把一维数组看作一行，二维数组就可以看作是一张表。二维数组的声明方法与一维数组类似，内存的分配也要使用关键字 new 来完成。其声明的格式如下所示：

　　　　数据类型　数组名[ ][ ]　或者　数据类型[ ][ ]　数组名;

二维数组分配内存的方法为：

　　　　数组名 = new 数据类型[行数组大小][列数组大小];

与一维数组不同的是，二维数组在分配内存时，必须告诉编译器二维数组行与列的个数。如下所示：

　　　　int[][] a = new int[4][3];　　// 声明整型数组 a，同时为其开辟一块内存空间

思考：二维数组 a 占用的内存空间为多少字节？

二维数组的定义及应用如下：

```
int score1[][] = new int[4][3] ;          // 声明并实例化二维数组
score1[0][1] = 30 ;                        // 为数组中的元素赋值
score1[1][0] = 31 ;                        // 为数组中的元素赋值
score1[2][2] = 32 ;                        // 为数组中的元素赋值
score1[3][1] = 33 ;                        // 为数组中的元素赋值
score1[1][1] = 30 ;                        // 为数组中的元素赋值
for(int i=0;i<score1.length;i++){
    for(int j=0;j<score1[i].length;j++){
        System.out.print(score1[i][j] + "\t") ;
    }
    System.out.println("") ;
}
```

请读者自行编写并运行其结果。

还有如下一种不常用的为二维数组分配内存的方法：

　　　　数组名 = new 数据类型[行数组大小][ ];
　　　　数组名[0] = new 数据类型[数组大小];
　　　　数组名[1] = new 数据类型[数组大小];
　　　　… … … … … … … … … … … …
　　　　数组名[行数组大小-1] = new 数组类型[数组大小];

这种分配内存的方式也不难理解，但其特殊的地方在于每一次分配的列数组大小可以不同。这样可以构造出具有固定行数，而列数却不固定的不规则数组。

下面的例子演示了不规则的二维数组：

```
public class MultiArrayDemo {
    public static void main(String[] args) {
        int[][] firstArray;// 声明第一个 int 类型二维数组
        //声明第二个 int 类型二维数组同时分配内存空间
        int secondArray[][] = new int[2][2];
        //第一个 int 类型二维数组分配内存空间
        firstArray = new int[3][];
        firstArray[0] = new int[1];
```

```
            firstArray[1] = new int[2];
            firstArray[2] = new int[3];
            // 访问第一个 int 数组并顺序赋值
            firstArray[0][0] = 1;
            firstArray[1][0] = 2;
            firstArray[1][1] = 3;
            firstArray[2][0] = 4;
            firstArray[2][1] = 5;
            firstArray[2][2] = 6;
            // 访问第二个 int 数组并顺序赋值
            secondArray[0][0] = 1;
            secondArray[0][1] = 2;
            secondArray[1][0] = 3;
            secondArray[1][1] = 4;
        }
    }
```

二维数组也可以在声明时就被初始化，方法类似于一维数组，如下面的例子所示：

```
    public class MultiArrayInit {
        public static void main(String[] args) {
            char[][] firstArray = {{'1', '2' }, {'3', '4' } };
            char secondArray[][] = {{ '1' }, {'2', '3' }, {'4', '5', '6' } };
            System.out.println("<--第一个二维数组开始-->");
            System.out.println(firstArray[0]);
            System.out.println(firstArray[1]);
            System.out.println("<--第一个二维数组结束-->");
            System.out.println("<--第二个二维数组开始-->");
            System.out.println(secondArray[0]);
            System.out.println(secondArray[1]);
            System.out.println(secondArray[2]);
            System.out.println("<--第二个二维数组结束-->");
        }
    }
```

2.5.3 方法

方法就是一段可重复使用的代码段，使用方法可以简化代码编写。有些书中把方法称为函数，两者本身并没有区别，是同样的概念，只是称呼不同而已。

1. 方法的定义和调用

Java 中可以使用多种方式定义方法，如前面常用的 main 方法，在声明处加上了 public static 关键字，static 关键字将在后面的章节进行详细讲解，方法通常的定义格式如下：

```
    [修饰限定符] 返回值类型 方法名称（类型 参数 1，类型 参数 2，...）{
        语句序列；
        [return    表达式]；
    }
```

如果方法没有返回值，则"返回值类型"要明确写出 void，此时，方法中的 return 语句可

以省略。方法执行完后无论是否存在返回值都要返回到方法的调用处向下执行。参数列表可以为空，也可以有多个。下例演示了方法的定义和调用。

```java
public class MethodDemo01 {
    public static void main(String[] args) {
        print();
        int one = addMethod1(10,20) ;           // 调用整型的加法操作
        float two = addMethod2(10.3f,13.3f) ;    // 调用浮点数的加法操作
        System.out.println("addMethod1 的计算结果：" + one) ;
        System.out.println("addMethod2 的计算结果：" + two) ;
    }
    public static void print(){
        System.out.println("演示方法的调用！ ");
    }
    // 定义方法，完成两个数字的相加操作，方法返回一个 int 型数据
    public static int addMethod1(int x,int y){
        int temp = 0 ;              // 方法中的参数，是局部变量
        temp = x + y ;             // 执行加法计算
        return temp ;              // 返回计算结果
    }
    // 定义方法，完成两个数字的相加操作，方法的返回值是一个 float 型数据
    public static float addMethod2(float x,float y){
        float temp = 0 ;           // 方法中的参数，是局部变量
        temp = x + y ;             // 执行加法操作
        return temp ;              // 返回计算结果
    }
}
```

程序运行结果如下：

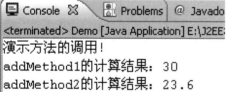

2. 方法的重载

方法的重载指方法名称相同，但参数的类型或参数的个数不同。通过传递不同个数及类型的参数可以完成不同功能的方法调用。System.out.println()方法就属于方法的重载，println()方法可以打印数值、字符、布尔类型等数据。

下面的例子说明了方法的重载。

```java
public class MethodDemo {
    final static float PI = 3.14f;
    public static void main(String[] args) {
        int r = 3, a = 4, b = 5;
        System.out.println("圆形面积为： " + area(r));
        System.out.println("矩形面积为： " + area(a,b));
        System.out.println("三角形面积为： " + area(a,b,r));
```

```
        }
        // 定义 area 方法，完成圆面积的计算
        public static float area(int r){
            return PI*r*r;                          // 返回结果
        }
        // 定义 area 方法，完成矩形面积的计算
        public static int area(int a,int b){
            return a*b;                             // 返回结果
        }
        // 定义 area 方法，完成三角形面积的计算
        public static double area(int a,int b,int r){
            double p = 0 ;
            p = (a+b+r)/2 ;
            return Math.sqrt(p*(p-a)*(p-b)*(p-r));  // 返回结果
        }
    }
```

程序运行结果如下：

方法的重载一定只是参数的类型或个数不同，而方法的返回值相同，如果方法的参数类型和个数一致，返回值不同，不是方法的重载，而且程序在编译时无法通过，因为编译器无法判断是哪个方法。

3. 方法的引用传递

前面介绍的方法传递和返回的都是基本数据类型，方法可以传递引用数据类型，数组属于引用数据类型，在把数组传递给方法之后，如果方法对数组本身做了任何修改，修改结果也将保存下来。下面的例子演示了传值和传引用的不同。

```
public class MethodDemo02 {
    public static void main(String[] args) {
        int x = 3, y = 4;
        change(3, 4);                // 传递整型数值
        System.out.println("x=" + x + " y=" + y);
        int[] a = {3,4};
        change(a);                   // 传递数据引用
        System.out.println("a[0]=" + a[0] + " a[1]=" + a[1]);
    }
    public static void change(int x, int y) {
        x = x + y;
        y = x - y;
        x = x - y;
    }
    public static void change(int[] a) {
```

```
        a[0]=a[0]+a[1];
        a[1]=a[0]-a[1];
        a[0]=a[0]-a[1];
    }
}
```

运算结果如下：

```
Console ☒      Problems   @ Javadoc
<terminated> Demo [Java Application] E:\J2EE…
x=3  y=4
a[0]=4 a[1]=3
```

从运行结果可以看出基本数据类型传递的是数据的拷贝，而引用类型传递的是引用的拷贝。

2.6　Java 程序规范

开发过程比较完善的组织应有一份代码规范，其目的就是统一代码的风格。因此，本节的规范仅供开发者参考，大多数内容是建议，而不是规则。

Sun 公司在发布 Java 的同时，也推出了一份代码规范。其中大部分已经被开发者广泛接受，成为事实上的标准。初学者可以访问 Sun 的 Java 站点查看。

2.6.1　制定编码规范的必要性

良好的代码风格不仅可以提高程序的可读性，而且也为修改代码提供了便利。在现代软件开发过程中，维护工作量占整个软件工程周期的 80%，而且开发者和维护者通常不是同一个程序员，这意味着您需要经常阅读和修改别人开发的程序，别人也同样可能需要阅读和修改您开发的程序。因此，良好的编码规范对业界来说是利人利己的。

2.6.2　Java 文件格式

所有的 Java（*.java）文件应遵守如下的样式规则。

1. 版权信息

版权信息必须在 Java 文件的开头，比如：

```
/*
* Copyright 2014 Zhoukou XXX co.Ltd
* All right reserved
*/
```

其他不需要出现在 javadoc 中的信息也可以包含在这里。

2. package/import

放在注释之后，package 行要在 import 行之前，import 中标准的包名要在本地的包名之前，而且按照字母顺序排列。如果 import 行中包含了同一个包中的不同子目录，则应该用 * 来处理，例如：

```
import java.awt.event.*;
import javax.swing.JFrame;
```

3. class、class Fields、存取方法

类注释一般用来解释类，接下来是类的成员变量。下面是类的定义范例。

```
/*
 * 学生类 Student，包含 name、age、score 3 个成员变量
 * 和存取方法 getScore()、setScore()，重载的 toString()方法
 */
class Student{
    String name;                    // 学生姓名——类的属性
    int age;                        // 学生年龄——类的属性
    int score;                      // 学生成绩——类的属性
    public int getScore() {         // 取学生成绩——类的方法
        return score;
    }
    public void setScore(int score) {
        this.score = score;
    }
    public String toString(){
        return "学生姓名:" + this.name + "\t 学生年龄:"
+ this.age + "\t 学生成绩:" + this.getScore();
    }
}
```

4. toString 方法

无论如何，每一个类都应该定义 toString 方法。

5. 构造方法

构造方法应该采用递增的方式编写（比如：参数多的写在后面）。访问类型（public、private 等）和任何 static、final、synchronized 修饰符应该在同一行中。

6. main 方法

如果 main(String[] args)方法已经定义了，那么它应该写在类的底部。

2.6.3 命名规范

遵守这个规范的目的是让项目中所有的文档看起来都像是一个人写的，让程序有良好的可读性。

1. package 的命名

package 的名字应该都是由一个小写字母组成。如：

```
package cn.edu.zknu.sam;
```

2. 类、接口的命名

类、接口的名字可由单个或多个单词组合而成，每个单词的首字母大写，其余字母小写。对于所有类和接口的标识符，其中包含的所有单词都应紧靠在一起，而且每个单词的首字母大写。如：

```
public class MyBook { }
```

3. 类变量、参数名、数组名、方法名

这些标识符必须由小写字母开头，后面的单词用大写字母开头。如：

```
String userName = "sam";
byte[] buffer ;
```

4. 常量的命名

常量指用 static final 定义的标识符应该全部字母大写，并且指出完整的含义。如：

```
public static final String SCHOOL = "周口师范学院";
```

2.6.4　注释规范

（1）注释要简单明了，不要出现二义性。

（2）边写代码边注释，修改代码同时修改相应的注释，以保证注释与代码的一致性。

（3）在必要的地方注释，即注释的就近原则，注释量要适中。

（4）对代码的注释应放在其上方相邻位置，不可放在下面。

（5）全局变量要有详细的注释，包括对其功能、取值范围、存取规则的说明等。

（6）每个源文件的头部要有必要的注释信息，包括：文件名、版本号、作者、生成日期、模块功能描述等。

2.6.5　排版规范

（1）关键词和操作符之间加适当的空格。

（2）相对独立的程序块之间加空行。

（3）较长的语句、表达式等要分成多行书写。

（4）划分出的新行要进行适当的缩进，使排版整齐，语句易读。

（5）长表达式要在低优先级操作符处划分新行，操作符放在新行之首。

（6）循环、判断等语句中若有较长的表达式或语句，则要进行适当的划分。

（7）若函数或过程中的参数较长，则要进行适当的划分。

（8）不允许把多个短语句写在一行中，即一行只写一条语句。

（9）注意排版中的缩进。

提示：常用的 IDE（集成开发环境）已经设置了默认的排版格式，可以适当修改或使用。如：Eclipse。

本章小结

本章首先对 Java 的程序结构进行了分析，讲解了 Java 的基本语法、原始数据类型及各类型之间转换的规则，然后介绍了 Java 的运算符、表达式、流程控制，最后讲解了数组和方法的定义和使用。另外，介绍了 Java 程序规范给编程学习者提供一个参考，以助于养成一个良好的编程习惯。

习　　题

2-1 已知圆球体积计算公式为 $\dfrac{4}{3}\pi r^3$，编程计算并输出圆球的体积（圆球半径由控制台输入）。

2-2 下面是一个 switch 语句，请改用 if 嵌套来完成相同的功能。

```
switch (grade) {
        case 7:
        case 6: a = 11;
                b = 22;
                break;
        case 5: a = 33;
                b = 44;
                break;
        default:a = 55;
                break;
    }
```

2-3 一个数如果恰好等于它的因子之和，这个数就被称为"完数"，例如，6 的因子为 1，2，3，而 6=1+2+3，因此 6 是完数。请编程找出 100 以内的所有完数。

2-4 简述 while 和 do-while 语句有何异同？

第 3 章　Java 面向对象编程

本章内容：介绍面向对象编程思想的程序设计基础，包括类、对象、接口及面向对象的三个特性等内容。

学习目标：深入领会面向对象编程思想是学好 Java 程序设计语言的基本前提。在编写 Java 程序过程中，定义类和操作对象是 Java 编程的主要任务。以"一切皆为对象"的思维方式来思考问题，通过创建类和对象，调用类和对象的方法来解决问题。

➤ 了解面向对象的概念
➤ 了解面向对象的封装性、继承性、多态性
➤ 掌握类与对象的关系、定义及使用
➤ 掌握继承的概念和实现
➤ 掌握重载和覆写
➤ 掌握抽象类与接口的应用
➤ 掌握包及访问控制权限
➤ 掌握包装类

3.1　面向对象基础

面向对象编程（Object-Oriented Programming，简称 OOP）已成为主流的编程方法。前面学习的知识是 Java 的基本程序设计范畴，属于结构化的程序开发。结构化方法的本质是功能分解，是围绕实现处理功能的"过程"来构造系统的。而面向对象程序设计将数据和处理数据的方法紧密地结合在一起，形成类，通过类的实例化形成对象。在面向对象的世界中，不再需要考虑数据结构和功能函数，只要关注对象即可。

3.1.1　面向对象编程思想

对象就是客观世界存在的人、事、物体等实体。现实世界中，对象随处可见，例如，天上飞的鸟、水里游的鱼、路上跑的车等。这里说的鸟、鱼、车都是对同一类事物的总称，这就是面向对象中的类（class）。对象是符合某种类定义所产生出来的实例（instance），日常生活中我们习惯用类名来称呼这些对象，如上所说的鸟、鱼、车等，但实际上看到的还是对象的实例，而不是一个类。例如，你看见鱼池里一条奇怪的鱼（具体的某个鱼），这里的"鱼"虽然是一个类名，但实际上你看见的是鱼类的一个实例对象，而不是鱼类。由此可见，类只是抽象的称呼，而对象则是与现实生活中的事物相对应的实体。

可从现实生活中的实例来分析类和对象，例如，告诉朋友你养了一条狗，这时朋友并不知道这条狗是什么样子的，因为狗有很多种，大小、颜色、种类各不相同。但是，如果你告诉朋友说养了一条杜宾狗，它毛短、肩高 75 厘米、黑色、速度快、会买东西，这时朋友肯定能够想象出来这条狗的样子了。这里所说的"杜宾"就是狗（类）的一个对象，是一条具体的狗。

那么"毛短、肩高75厘米、黑色、速度快"就是对象的属性，而"会买东西"则是对象的方法。可见，对象具有属性和方法，而类则是抽象的定义，如狗这个类，是指所有的狗，它们都有颜色、大小等属性，狗还有坐、卧等动作（方法），但是，这并不是指一条具体的狗。所以类是抽象的，对象是具体的，使用属性来描述对象的状态，使用方法来处理对象的行为。

面向对象是一种思想，它将客观世界中的事物描述为对象，并通过思维方式将需要解决的实际问题分解成人们易于理解的对象模型，然后通过这些对象模型来构建应用程序的功能。

一般来说，设计思想都是很难学习领会的，面向对象这种思想也不例外，需要我们慢慢地学习体会。随着编程经验的丰富，对面向对象的理解也会不断提高，最后融会贯通。

3.1.2 基本特性

1. 封装性

封装性就是把对象的属性和方法封装起来，对外是相对独立而完整的单元，用户只需要知道使用对象提供的属性和方法即可，而不需要知道对象的具体实现。例如，你买了一张从北京到广州的飞机票，你只需要按照飞机票上标注的航次和时间乘坐就能到达，而不管飞机航线如何，即使改变了原来的航线，乘坐者也无法控制，但是飞机会在广州降落，到达你乘坐的目的地，而不关注中间飞行的细节。所以，采用封装的原则可以使对象以外的部分不能随意存取对象内部的数据，从而有效地避免了外部错误对内部数据的影响。

2. 继承性

继承是复用的重要手段，在继承层次中高层的类相对于底层的类更抽象，更具有普遍性。例如，交通工具和汽车、火车、飞机的关系。交通工具处于继承层次的上层，它相对于下层的汽车、火车和飞机等具体交通工具更为抽象和一般。在 Java 中，通常把像交通工具这样抽象的、一般的类称作父类或者超类，把像汽车、火车和飞机这样具体的、特殊的类称作子类。

3. 多态性

多态性指在一般类中定义的属性或行为，被特殊类继承之后，可以具有不同的数据类型或表现出不同的行为。这使得同一属性或方法在父类及其各个子类中具有不同的语义。还以交通工具和汽车、火车、飞机为例。交通工具都有驾驶的方法，虽然继承自交通工具的汽车、火车和飞机也同样具有驾驶的方法，但是它们具体驾驶的行为却不尽相同。

3.2 类与对象

3.2.1 类定义

从类的概念中可以了解到，类是用来创建对象的模板，它包含被创建对象的属性和方法的定义。因此，要学习 Java 编程就必须学会怎样去编写类，即怎样用 Java 语法去描述一类事物共有的属性和行为。

属性中定义的是类需要的一个个具体信息，实际上一个属性就是一个变量，也称为类的成员变量，而对象的行为通过方法来体现，也就是类的成员方法。在方法中采用一定的算法对属性变量执行操作来实现一个具体的功能。类把属性和方法封装成一个整体。

在 Java 语言中，类是基本的构成要素，可以理解为 Java 程序是由一个个类组成的。类是对象的模板，Java 程序中所有的对象都是由类创建的。一个 Java 类主要包括以下两部分：

（1）类的声明

（2）类的主体

Java 中类的定义形式如下：

```
[类修饰符] class 类名 [extends 超类名] [implements 接口列表] {
    声明成员变量;                    // 类的属性
    成员方法（函数）{方法体};          // 定义方法的内容
}
```

通过定义 Student 类来分析类的定义形式。

```
public class Student {
    String name;                    // 声明姓名属性
    int age;                        // 声明年龄属性
    public void getStuInfo(){       // 取得学生信息的方法
        System.out.println("姓名：" + name + "年龄：" + age );
    }
}
```

类修饰符：可选，用于指定访问权限，即类访问控制修饰符，在上面类的定义中使用了类修饰符 public，除此之外类修饰符还包含有 private、protected、public、abstract、final 和默认。

类名：类的命名规则遵循第 2 章标识符的命名规则，只是类名的首字母大写。

[extends 超类名]：表示所定义的类是一个继承类，将在 3.3 节详细讲解继承。

[implements 接口列表]：表示所定义的类实现某个或某些接口，将在 3.6 节详细讲解接口。

类的成员变量：与前面提到的变量用法没有差别。

类的成员方法：命名必须是合法的标识符，一般是用于说明方法功能的动词或者动名词短语。返回值类型可以是 void 和所有数据类型。

类的成员变量和成员方法将在后续章节中介绍。

3.2.2　对象的创建及使用

在 Java 语言中，一个对象在 Java 语言中的生命周期包括创建、使用和销毁 3 个阶段。

1. 创建对象

在 Java 中通过使用 new 关键字来创建一个类的对象。这个过程也称作实例化，要想使用一个类必须先创建对象。对象的创建格式如下：

```
类名　对象名称 = null;              // 声明对象
对象名称 = new 类名();             // 实例化对象
```

也可以一步完成：

```
类名 对象名称（引用变量） = new 类名();
```

2. 使用对象

创建对象后就可以访问对象的成员变量，并操作成员变量的值了，还可以调用对象的成员方法。通过使用运算符"."实现对成员变量的访问和成员方法的调用。

访问属性的语法格式为：对象名称.成员变量;

访问方法的语法格式为：对象名称.成员方法();

下面是对定义的 Student 类创建对象、使用对象的示例。

```java
public class ClassDemo01 {
    public static void main(String[] args) {
        Student student = new Student();              // 创建一个 Student 对象
            student.name = "张三";                      // 设置 Student 对象的属性内容
            student.age = 20;                          // 设置 Student 对象的属性内容
            System.out.println(student.getStuInfo());
            Student student1 = new Student();          // 创建一个 Student 对象
            student1.name = "李四";                     // 设置 Student 对象的属性内容
            student1.age = 23;                         // 设置 Student 对象的属性内容
            System.out.println(student1. getStuInfo ());
    }
}
class Student{
    String name;                                       // 学生姓名——类的属性
    int age;                                           // 学生年龄——类的属性
    public String getStuInfo(){                        // 取学生信息——类的方法
        return    "学生姓名:" + name + "\t 学生年龄:" + age;
    }
}
```

3. 销毁对象

在 Java 中不需要手动释放对象所占用的内存，Java 提供的垃圾回收机制可以自动判断对象是否还在使用，并能够自动销毁不再使用的对象，收回对象所占用的资源。

Java 提供了一个名为 finalize()的方法,用于在对象被垃圾回收机制销毁之前执行一些资源回收工作，由垃圾回收系统调用。但是垃圾回收系统的运行是不可预测的。finalize()方法没有任何参数和返回值，每个类有且只有一个 finalize()方法。

4. 封装性

类的封装是指属性的封装和方法的封装，封装的格式如下：

属性封装：private 属性类型 属性名称；

方法封装：private 方法返回值 方法名称(参数列表){};

方法封装在实际开发中很少使用。封装属性的示例如下：

```java
public class ClassDemo02 {
    public static void main(String[] args) {
        Student student = new Student();              // 创建一个 Student 对象
            student.name = "张三";                      // 错误，无法访问封装属性
            student.age = 20;                          // 错误，无法访问封装属性
            System.out.println(student.getStuInfo());
    }
}
class Student{
    private String name;                               // 学生姓名——类的属性
    private int age;                                   // 学生年龄——类的属性
    public String getStuInfo(){                        // 取学生信息——类的方法
        return    "学生姓名:" + name + "\t 学生年龄:" + age;
    }
}
```

上面程序在编译时会提示 "属性是私有的" 错误。在 Java 开发中对私有属性的访问有明确的定义："只要是被封装的属性，则必须通过 setter 和 getter 方法设置和取得"。为前面类中的私有属性加上 setter 和 getter 方法如下：

```java
public class ClassDemo03 {
    public static void main(String[] args) {
        Student student = new Student();        // 创建一个 Student 对象
            student.name = "张三";                // 设置 Student 对象的属性内容
            student.age = 20;                    // 设置 Student 对象的属性内容
            System.out.println(student.getStuInfo());
    }
}
class Student{
    private String name;                         // 学生姓名——类的属性
    private int age;                             // 学生年龄——类的属性
    public int getAge() {                        // 取得年龄
        return age;
    }
    public void setAge(int age) {                // 设置年龄
        this.age = age;
    }
    public String getName() {                    // 取得姓名
        return name;
    }
    public void setName(String name) {           // 设置姓名
        this.name = name;
    }
    public String getStuInfo(){                  // 取得信息的方法
        return   "学生姓名:"+ name+"\t 学生年龄:"+ age;
    }
}
```

编程时类中的全部属性都必须封装，通过 setter 和 getter 方法进行访问。在 Eclipse 菜单 Source/Generate Setters and Getters 自动生成 setter 和 getter 方法。

5.　构造方法

对象实例化时首先为对象分配内存，并执行该类的构造方法，返回该对象的引用并将其赋值给引用变量。类通过其定义的构造方法产生对象。

构造方法可看作是一种特殊的类成员方法。

（1）一般情况访问权限为 public。

（2）没有返回类型，不要写 void。

（3）方法名必须与类名相同。

（4）用于完成对象的创建，即完成对象的实例化。

（5）不能直接调用，只能由内存分配操作符（new）来调用。

虽然构造方法有其特殊性，但它也是类成员方法，所以构造方法也可以重载。如果没有定义类的构造方法，则会自动提供一个默认的无参数的构造方法。由于构造方法在类实例化时被调用，所以一般在方法体中初始化成员变量。下面看一个完整的类实例化的例子以加深理解。

```java
class Employee {
    private String name;                            // 声明姓名属性
    private int salary;                             // 声明薪水属性
    Employee() {                                    // 无参构造方法
        System.out.println("一个新的 Employee 对象产生========");
    }
    Employee(String name, int salary) {             // 有参构造方法
        this.setName(name);
        this.setSalary(salary);
    }
    Employee(int salary) {                          // 有参构造方法
        this.setSalary(salary);
    }
    public String getName() {                       // 获得姓名
        return name;
    }
    public void setName(String name) {              // 设置姓名
        this.name = name;
    }
    public int getSalary() {                        // 获得薪水
        return salary;
    }
    public void setSalary(int salary) {             // 设置薪水
        if (salary >= 0) {
            this.salary = salary;
        }
    }
}
public class ClassDemo03 {
    public static void main(String[] args) {
        System.out.println("声明一个对象 Employee = null");
        Employee e = null;                          // 声明一个对象并不会调用构造方法
        // System.out.println("实例化对象：e = new Employee() ;");
        // e = new Employee();
        e = new Employee("sam", 3000);
        System.out.println("员工姓名：" + e.getName() + "\t 员工工资："
                + e.getSalary());
        // new Employee("eva", 6000).getSalary();   // 匿名对象
    }
}
```

6. 匿名对象

匿名对象是指没有明确给出名称的对象。一般匿名对象只使用一次，而且匿名对象只在

堆内存中开辟空间，不存在栈内存的引用。如上例中注释的匿名对象的使用。

3.2.3　this 和 static 关键字

1. this 关键字

Java 中 this 关键字语法较为灵活，主要有以下作用：

（1）表示类中的属性。

（2）调用本类的方法（成员方法和构造方法）。

（3）this 表示当前对象。

下面的示例演示了 this 的应用。

```java
public class ClassDemo04 {
    public static void main(String[] args) {
        Student s1=new Student("郭靖",23);    // 声明 2 个对象，内容完全相同
        Student s2=new Student("郭靖",23);    // 声明 2 个对象，内容完全相同
        if (s1.compare(s2)) {
            System.out.println("是同一个学生！");
        } else {
            System.out.println("不是同一个学生！");
        }
    }
}
class Student {
    private String name;        // 声明姓名属性
    private int age;            // 声明年龄属性
    public Student(){
        System.out.println("一个新的 Student 对象被实例化！");
    }
    public Student(String name, int age) {
        this();                 // 调用 Student 类的无参构造方法，必须放在第一行
        this.name = name;       // 表示本类中的属性
        this.age = age;
    }
    public int getAge() {       // 取得年龄
        return age;
    }
    public String getName() {   // 取得姓名
        return name;
    }
    public boolean compare(Student stu){
        // 调用此方法时存在 2 个对象：当前对象及传入的对象 stu
        Student s1 = this;      // 表示当前调用方法的对象
        Student s2 = stu;       // 传递到方法中的对象
        if (s1 == s2) {         // 首先比较 2 个地址是否相同
            return true;
        }
        // 分别判断每一个属性是否相等
```

```java
            if (s1.name.equals(s2.name)&&s1.age == s2.age) {
                return true;
            } else {
                return false;
            }
        }
        public void getStuInfo(){      // 取得学生信息
            // this 调用本类中的方法, 如: getter 方法
            System.out.println("姓名: "+this.getName()+"年龄: " + this.getAge());
        }
    }
```

程序运行结果如下:

```
Console ☒    Problems   @ Javado
<terminated> Demo [Java Application] E:\J2EE
一个新的Student对象被实例化!
一个新的Student对象被实例化!
是同一个学生!
```

2. static 关键字

用关键字 static 声明的属性和方法称为类属性和类方法, 被所有对象共享, 可直接使用类名称进行调用。如下例:

```java
public class ClassDemo05 {
    public static void main(String[] args) {
        Student s1 = new Student("小李",23);      // 声明 Student 对象
        Student s2 = new Student("小王",30);      // 声明 Student 对象
        s1.getStuInfo();                         // 输出学生信息
        s2.getStuInfo();                         // 输出学生信息
        Student.grade = "09 级网络工程";          // 类名称调用修改共享变量的值
        //s1.grade = "09 级网络工程";             // 对象也可以对共享变量赋值
        s1.getStuInfo();                         // 输出学生信息
        s2.getStuInfo();                         // 输出学生信息
    }
}
class Student {
    static String grade = "09 级软件工程";        // 声明年级属性
    private String name;                         // 声明姓名属性
    private int age;                             // 声明年龄属性
    public Student(String name, int age) {
        this.name = name;                        // 表示本类中的属性
        this.age = age;
    }
    public int getAge() {                        // 取得年龄
        return age;
    }
    public String getName() {                    // 取得姓名
```

```
        return name;
    }
    public void getStuInfo(){                        // 取得学生信息
        // this 调用本类中的方法，如：getter 方法
        System.out.println("姓名： " + this.getName() + "\t 年龄： "
                + this.getAge() + "\t 班级:" + this.grade);
    }
}
```

程序运行结果：

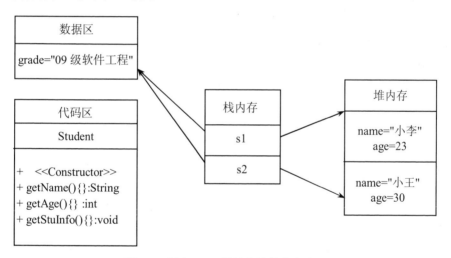

读者还记得在第 2 章中分析了 Java 的 4 块内存区域吗？下面通过上例来分析一下程序执行过程的内存分配，如图 3-1 所示。

图 3-1 保存 static 属性变量的内存分配图

由关键字 static 声明的方法叫类方法，由类直接调用，前面已经多次使用了 static 声明的方法。从图 3-1 可知，所有的方法都放在代码区，也是多个对象共享的内存区，但是非 static 声明的方法是属于所有对象共享的区域，而 static 属于类，也就是不用实例化对象也可以通过类调用来执行。但是 static 声明的方法不能调用非 static 声明的属性和方法，反之则可以。如下例所示。

```
public class StaticDemo {
    private static String grade = "09 级软件工程";     // 定义静态属性
    private String name = "sam";                      // 定义私有成员变量
    public static void refFun(){
        System.out.println(name);                    // 错误，不能调用非 static 属性
```

```
            fun();                                    // 错误，不能调用非 static 方法
        }
    public void fun(){
        System.out.println("非 static 方法！");
        refFun();                                     // 非 static 方法可以调用 static 方法
        }
    public static void main(String[] args) {
        refFun();                                     // static 方法可以调用 static 方法
        new StaticDemo().fun();                       // 通过实例化对象调用非 static 方法
        }
    }
```

解读编译时出现的错误信息可知 static 方法不能调用任何非 static 的内容，因为不知道非 static 的内容是否被初始化了，读者要在开发中谨慎对待。

讲解到此，各位读者可以理解 main()方法了，下面我们分析一下这个主方法。

3．特殊的静态方法 main

静态方法 main 前面已经使用很多次了，它是程序的入口。一般来说，在一个项目中应该有一个类包含 main 函数，整个项目从这个 main 方法开始运行。

main 方法的格式是固定的，除了后面括号中的形参的名称可以修改外，其他部分不能随意修改。格式如下：

public static void main(String[] args){}

（1）public 权限修饰符：最大权限保证任何位置都可以访问该方法，不受任何限制。

（2）static 静态修饰符：无需实例化，可以直接调用 main 方法。

（3）void 返回值为空：main 方法仅用来启动程序，没有必要返回任何值。

（4）main 方法名：固定的方法名，注意大小写。

（5）String[] args 命令行参数：从程序外部传入的参数。

一般都是通过 Java 解释器运行一段程序，Java 解释器通过类名找到字节码（class）文件，再找到该字节码文件中的 main 方法，然后执行整个程序。Java 要求类名必须和文件名相同也就是这个道理，否则 Java 解释器就找不到字节码文件了。Java 解释器在调用 main 方法时，直接通过类名调用这个静态方法，不用实例化类再通过对象来调用。这样不仅减少程序执行的步骤，还保证程序运行的效率。可见，main 方法的 static 修饰符是非常重要的。

下面介绍一下 args 命令行参数，它表示用户传入的参数，参数数量可以是一个、多个或者没有。当有输入时，可以使用 args[0]、args[1]的方式来接收。args[0]表示用户传入的第一个参数，依次类推。如果用户使用的参数超出了传入的参数的范围，会产生 java.lang.ArrayIndexOutOfBoundsException 异常。如：用户传入两个参数，此时 args 的长度为 2，如果使用 args[2]时，则会出现上述异常。

args 代表的是一个 String 数组的名字，可以改变。如：aa，那么 main 方法的表示就为：public static void main(String[] aa){}。只不过通常情况下是使用 args 来作为命令行参数。下面通过一个实际的例子来了解命令行参数的使用。

```
    public class TestArgs {
        public static void main(String args[]) {
            String param1 = args[0];
```

```
        String param2 = args[1];
        System.out.println("参数 1：" + param1 + "参数 2：" + param2);
    }
}
```

参数传入的方法如下：

4. Java 的三种变量

Java 中主要有三种类型的变量，分别是类变量、成员变量和局部变量。

变量，顾名思义就是内容可以改变的量，它与常量相对应。而这三类变量实际上是从变量的作用域来定义和划分的。

类变量是归属于类的变量，在定义类的属性时，通过增加 static 修饰符来定义类变量，所以又称为静态变量。类变量不仅可以直接通过类名+点操作符+变量名来操作，也可以通过类的实例+点操作符+变量来操作。大多数情况下采用前者，一来能够有效地使用该变量，二来能够表示该变量就是类变量。

成员变量是归属于类的实例的变量，成员变量没有经过 static 修饰，只能通过类的实例+点操作符+变量来操作。

不管是类变量还是成员变量，都可以设置 Java 的访问修饰符，若是需要公开操作，则可以在这些变量前添加 public 访问修饰符；若是只限于在所在类中操作，则可以在这些变量前添加 private 访问权限。

局部变量是在类的方法体内所定义的变量，不管是方法的形参，还是方法体内所定义的变量都是局部变量。局部变量的作用域从其所在方法体的头大括号开始到尾大括号结束。

下面的示例演示了三种变量的使用方法。

```
public class Test {
    public static void main(String args[]) {
        System.out.println("类变量 major: " + VariableType.major);
        VariableType type = new VariableType();
        System.out.println("成员变量 sex: " + type.sex + "女生");
        System.out.println("局部变量 str: " + type.print("但很棒！"));
    }
}
class VariableType {
    public static String major = "软件工程专业";      // 定义类变量
    public String sex = "Male";                        // 定义成员变量
    public String print(String str) {                  // 定义局部变量
        String str1 = "人数少，";
        return str1 + str;
```

```
        }
    }
```

程序运行结果如下：

```
Problems  @ Javadoc  Declaration  Console  ⊠
<terminated> Test (1) [Java Application] E:\J2EE相关\eclipse\jre\bin\javaw.exe
类变量major：软件工程专业
成员变量sex：Male女生
局部变量str：人数少，但很棒！
```

Java 常用的三种变量实质上就是表示各自的归属，操作方式各有特色，需细心体会。通过下面的程序来了解变量初始化的顺序。

```java
1  public class Test {
2      public static void main(String args[]) {
3          Person p = new Person("eva",26);
4          p.sayHello();
5          Person q = new Person("James",36);
6          q.sayHello();
7      }
8  }
9  class Person{
10     String name = "sam";
11     int age = 16;
12     double height = 1.75;
13     public Person(String name,int age){
14         this.name = name;
15         this.age = age;
16     }
17     public void sayHello(){
18         System.out.println("Hello,my name is " + name);
19     }
20 }
```

可以看到，第 10、11、12 行的三个属性被赋予新的值。在实例化过程中，这三个属性会被三次赋值，先后顺序如下：

（1）隐式赋予变量默认值，第一次装入虚拟机是：name = null，age = 0，height= 0.0。

（2）显式赋予初始值，第 10、11、12 行。

（3）构造方法体赋予新值，第 14、15 行。

3.2.4　内部类

在类的内部可以定义属性和方法，也可以定义另一个类，叫内部类，包含内部类的类叫外部类。内部类可声明的 public 或 private，其访问权限和成员变量、成员方法相同。使用内部类的主要原因是：内部类的方法可以访问外部类的成员，且不必实例化外部类，反之则不行。通过下面一个简单的例子来理解内部类的使用。

```java
class Outer{
    int temp = 10;                              // 外部类的属性
    String author = "sam";                      // 外部类的属性
    class Inner{                                 // 内部类的定义
        int temp = 20;                           // 内部类的属性
        public void showOuter(){                 // 内部类的方法
            // 外部类的调用
            System.out.println("外部类的 author:"+author);
            System.out.println("内部类的 temp:"+temp);
            System.out.println("外部类的 temp:"+Outer.this.temp);
        }
    }
    public void showInner(){
        Inner in = new Inner();
        in.showOuter();
    }
}
public class InnerClassDemo01 {
    public static void main(String[] args) {
        Outer out = new Outer();
        out.showInner();
    }
}
```

程序运行结果如下：

```
Console ☒    Problems   @ Javadoc
<terminated> Demo [Java Application] E:\J2EE和
外部类的author:sam
内部类的temp:20
外部类的temp:10
```

还有一种匿名内部类，主要用于 GUI（图形用户界面）编程。在讲完接口和抽象类后再介绍其使用方法。

3.3　继承

3.3.1　继承的语法和规则

在面向对象程序设计中，继承是不可或缺的一部分。通过继承可以实现代码的重用，提高程序的可维护性。图 3-2 描述了继承的关系。

图示中的分类关系称为继承关系，上面的类称为父类，下面的类称为子类。父类也称基类、超类；子类也称衍生类。子类继承了父类的所有特征，同时子类在父类的基础上还增加了自己的特征。所以，子类和父类相比具有更丰富的功能。

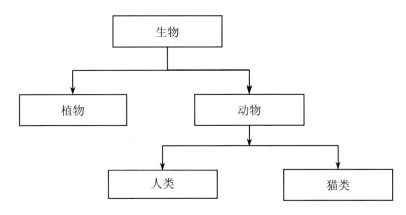

图 3-2　继承关系图

在继承关系中还能够发现一个规律：子类是父类的一种，也可以说"子类就是父类"。例如：人类是动物，动物就是生物等。记住这个定律对理解继承的概念非常有帮助。但是把继承理解为父亲和儿子的关系是不恰当的。

继承的语法格式如下：

　　[修饰符] class 子类名 extends 父类名

下面的例子演示了继承的语法和规则。

```java
public class ExtendsDemo01 {
    public static void main(String[] args) {
        Person p = new Person();            // 实例化父类对象
        p.name = "sam";                     // 父类对象的属性赋值
        p.age = 22;                         // 父类对象的属性赋值
        p.height = 1.76;                    // 父类对象的属性赋值
        Student s = new Student();          // 实例化子类对象
        s.score = 83.0 ;                    // 子类对象的属性赋值
        System.out.println("子类的信息: " + s.name + "\t"
                + s.age + "\t" + s.height + "\t" + s.score);
        s.sayHello();                       // 调用子类方法
    }
}
class Person {
    String name ;                   // 声明类 Person 的姓名属性
    int age ;                       // 声明类 person 的年龄属性
    double height ;                 // 声明类 person 的身高属性
    public Person(){
        System.out.println("父类的构造方法");
    }
    public void sayHello(){
        System.out.println("父类的方法 sayHello()方法");
    }
}
class Student extends Person{
    double score ;                  // 声明子类 Student 的学分属性
```

```
    public Student() {
        System.out.println("子类的构造方法");
    }
    public void sayHello(){
        System.out.println("子类的 sayHello()方法");
    }
}
```

程序运行结果如下：

从程序运行结果分析，可知继承有如下特性：

子类继承父类所有的属性和方法，同时也可以增加新的属性和方法；

注意：子类不继承父类的构造器。

子类可以继承父类中所有的可被子类访问的成员变量和方法，但必须遵循以下规则：

● 子类不能继承父类声明为 private 的成员变量和成员方法；

● 如果子类声明了一个与父类的成员变量同名的成员变量，则子类不能继承父类的成员变量，此时称子类的成员变量隐藏了父类的成员变量；

● 如果子类声明了一个与父类的成员方法同名的成员方法，则子类不能继承父类的成员方法，此时称子类的成员方法隐藏了父类的成员方法。

3.3.2 重载和覆盖

重载是指定义多个方法名相同但参数不同的方法。本书第 2 章已经详细讲解了重载的规则和使用方法，不再赘述。覆盖也叫覆写，是继承关系中方法的覆盖。上例的 sayHello()方法就实现了方法的覆盖。发生在父类和子类的同名方法之间的方法覆盖要满足以下几个规则：

（1）两个方法的返回值类型必须相同。

（2）两个方法的参数类型、参数个数、参数顺序必须相同。

（3）子类方法的权限必须不小于父类方法的权限 private<default<public。

（4）子类方法只能抛出父类方法声明抛出的异常或异常子类。

（5）子类方法不能覆盖父类中声明为 final 或者 static 的方法。

（6）子类方法必须覆盖父类中声明为 abstract 的方法（接口或抽象类）。

下面的示例演示了方法的覆盖。

```
    public class ExtendsDemo02 {
        public static void main(String[] args) {
            Dog dog = new Dog();
            dog.cry();                          // 覆盖父类的方法
            Cat cat = new Cat();
```

```
            cat.cry();                          // 没有覆盖父类的方法
        }
    }
    class Animal {
        public Animal(){
            System.out.println("Animal 类的构造方法！");
        }
        public void cry(){
            System.out.println("动物发出叫声！");
        }
    }
    class Dog extends Animal{
        public Dog(){
            System.out.println("Dog 类的构造方法！");
        }
        public void cry(){
            System.out.println("狗发出"汪汪..."叫声！");
        }
    }
    class Cat extends Animal{}
```

程序运行结果如下：

从以上结果可看出，通过覆盖可以使一个方法在不同的子类中表现出不同的行为。

3.3.3 super 关键字

super 代表当前超类的对象。super 表示从子类调用父类中的指定操作，如：调用父类的属性、方法和无参构造方法、有参构造方法。如果调用有参构造方法，则必须在子类中明确声明。和 this 关键字一样，super 必须在子类构造方法的第一行。

下面的例子演示了 super 关键字的使用方法。

```
    public class ExtDemo03 {
        public static void main(String[] args) {
            Santana s = new Santana("red");
        }
    }
    class Car{
        String color;
        Car(String color){
```

```
            this.color = color;
        }
    }
class Santana extends Car{
        private String color;
        public Santana(String color) {
            super(color);
        }
        public void print(){
            System.out.println(color);
            System.out.println(super.color);
        }
    }
```

3.4　final 关键字

final 关键字的中文含义是"最终的"，它可以修饰很多成员，因修饰的成员不同含义也不同。

3.4.1　final 变量

关键字 final 修饰的变量可以分为属性、局部变量和形参。无论修饰哪种变量它的含义都是相同的，即变量一旦赋值就不可以改变，如下面的示例。

```
public class FinalVar {
        public final static double PI = 3.14; // 常量
        final int x = 100;
        public static void main(String[] args) {
            final int y = 0;
        }
        public static void add(final int z){
            z++;       // 错误
        }
    }
```

3.4.2　final 方法

关键字 final 也可以修饰方法，这样的方法不可以被子类覆盖，如下面的程序段所示。

```
class FinalMethod {
        public final void add(int x) {
            x++;
        }
    }
public class Sub extends FinalMethod {
        public void add(int x) {
            x += 2;
        }
```

```
        }
编译时提示错误。
```

3.4.3　final 类

用关键字 final 修饰的类不能被继承，不能产生子类，如下面的程序段。

```
class FinalClass {
    public void add(int x) {
        x++;
    }
}
public class Sub1 extends FinalClass {
    public void add(int x) {
        x += 2;
    }
}
```

编译时提示错误。

3.5　抽象类

被 abstract 修饰符修饰的类称为抽象类，抽象类是包含抽象方法的类。

抽象方法：只声明未实现的方法，抽象类必须被继承，子类如果不是抽象类，必须覆写抽象类中的全部抽象方法。

```
abstract class A {
    public final static String FLAG = "china";
    public String name = "sam";
    public String getName() {
        return name;
    }
    public void setName(String name) {
        this.name = name;
    }
    public abstract void print(); // 比普通类多了一个抽象方法
}
class B extends A{    // 继承抽象类，因为 B 是普通类，所以必须覆写全部抽象方法
    public void print() {
        System.out.println("国籍：" + super.FLAG);
        System.out.println("姓名：" + super.name);
    }
}
public class AbstractDemo01 {
    public static void main(String[] args) {
        A a = new A();         // 此语句错误，类 A 不能被直接实例化，因为有未实现的方法
        B b = new B();
```

```
            b.print();
        }
    }
```

抽象类是不完整的类，不能通过构造方法被实例化。另外，从语法的角度抽象类可以没有抽象方法，但如果类定义中声明了抽象方法，那么这个类必须声明为抽象类。

3.6　接口

接口是 Java 中的重要组成部分，它由常量和公共的抽象方法组成，即接口是抽象方法和常量值的定义的集合，只包含常量和方法的定义，而没有变量和方法的实现。也可以把接口理解为是更纯粹的抽象类。

3.6.1　接口定义

Java 中接口的定义形式如下：
```
    [修饰符] interface  接口名{
            常量声明
            方法声明
    }
```
接口是另一种引用类型。接口的修饰符只有 public 和默认两个，含义与类修饰符相同。接口名的命名规则也与类名相同。接口中变量的修饰符只能是 public final static，所以不用显式的使用修饰符。又因为接口中变量的修饰符是 public final static，所以在接口中声明的都是常量。接口中的方法都没有方法体，除了定义的常量以外也没有变量。接口中方法的修饰符只能是 public，默认也是 public。

另外，接口也有继承机制并且支持多继承，可以使用关键字 extends 继承其他接口。

3.6.2　实现接口

接口只是声明了提供的功能和服务，而功能和服务具体的实现要在实现接口的类中定义。一个类可以通过关键字 implements 实现接口，必须由子类来使用接口。子类要实现接口的所有抽象方法，一个子类可以同时实现多个接口，实现接口的类，一般称为实现类。类之间可以继承，接口之间也可以继承，类和接口之间可以实现多接口的继承。

抽象类和接口实际上是一套规范，它规定了子类（实现类）必须定义的方法，除非子类（实现类）严格地执行了这套规范，否则这个子类就不能被实例化和使用。

下面的示例演示了计算机主板在工作时接口的实现。
```
    interface VideoCard{              // 显卡接口
        void display();               // 显卡工作的抽象方法
        String getName();             // 获取显卡厂商名字的抽象方法
    }
    class Dmeng implements VideoCard{  // 具体厂商的显卡
        private String name;
        Dmeng(){
            name = "Dmeng's videoCard";
```

```
        }
        public void setName(String name) {
            this.name = name;
        }
        public String getName() {
            return this.name;
        }
        public void display() {
            System.out.println("Dmeng's videoCard working!!!");
        }
    }
class Mainboard{
        private String CPU;
        VideoCard vc;
        public String getCPU() {
            return CPU;
        }
        public void setCPU(String cpu) {
            CPU = cpu;
        }
        public VideoCard getVc() {
            return vc;
        }
        public void setVc(VideoCard vc) {
            this.vc = vc;
        }
        public void run(){
            System.out.println(CPU);
            System.out.println(vc.getName());
            vc.display();
            System.out.println("Mainboard's running!!!");
        }
    }
public class Computer {
        public static void main(String[] args) {
            Dmeng dm = new Dmeng();
            Mainboard mb = new Mainboard();
            mb.setCPU("Intel's CPU");
            mb.setVc(dm);
            mb.run();
        }
    }
```

3.6.3 匿名内部类

匿名内部类就是没有名字的内部类，它经常被应用于 Swing 程序设计中的事件监听处理。例如，创建一个匿名的内部类 ButtonAction，可以使用如下代码：

```java
public class ClassDemo {
    public static void main(String[] args) {
        new ButtonAction(){
            public void click(){
                System.out.println("这是匿名类，但谁也无法使用它！");
            }
        }
    }
}
```

匿名类通常用来创建接口的唯一实现类，或者创建某个类的唯一子类。

3.7　包及访问控制权限

3.7.1　包概念

包是 Java 中的文件组织形式，对应 Windows 系统的文件夹、Linux 和 UNIX 的目录。一个文件夹下可以存放文件也可以包含另一个文件夹，包也如此。正因为有了包的存在，Java 工程中允许存在同名不同包的 Java 文件。所以指定一个类时除了类名还要有类所在的包路径。Java 类库中常用的包如表 3-1 所示。

表 3-1　类库中常用的包

序号	包名	用途
1	java.lang	语言包
2	java.awt	抽象窗体工具包
3	java.awt.event	事件包
4	javax.swing	跨平台轻量级组件包
5	java.sql	数据库访问包
6	java.io	输入/输出流包
7	java.net	网络包
8	java.util	实用工具包

3.7.2　import 导入包

如果在自己的类中使用其他的类，无论这个类是在类库中，还是由其他人编写的，都必须先导入这些类。在类定义的前面，一般都会有很多导入其他包中类的语句。如：

```java
package sam.jdbc;
import java.sql.Connection;
import java.sql.ResultSet;
import java.sql.Statement;
import java.sql.DriverManager;
```

导入类时要使用关键字 import，后面接"包名.子包名.类"的完全路径。有时使用某一个包中的类较多时，可以使用通配符"*"导入包中全部的类。如：

    import java.sql.*;

注意： 虽然可以使用*表示包下所有的类，但建议不要如此使用。建议完整地指定要引入的类的路径。

3.7.3 包的声明

Java 中包的声明形式如下：

    package 包名

例如：

    package example.code.oo;

包名一般全为小写。包像文件夹一样可以嵌套，上面的例子表示 oo 包在 code 包下，而 code 包又存在于 example 包中。

3.7.4 访问权限修饰符

访问权限修饰符包括 private、protected、public 和默认，按照权限大小排序为 public > protected > default > private。

1. 权限修饰符 public

最大的权限，任何类都可以调用 public 权限的方法，都可以访问 public 权限的属性。构造方法和类的权限通常为 public。被 public 修饰的成员变量/成员方法对所有类都可见。

2. 权限修饰符 private

最小的权限，限制在类外访问，被 private 修饰的成员变量/成员方法只对成员变量/成员方法所在类可见。一般情况下把属性设置为 private，让其他类不能直接访问属性，达到保护属性的目的。

3. 默认权限修饰符 default

如果没有指定访问控制修饰符，则表示使用默认修饰符。该权限修饰的成员在类内可以访问，同一个包内的其他类也可以访问，其他包中的类不能访问。

4. 权限修饰符 protected

该权限修饰的成员可被子类和同一个包中的类访问。

以上 4 个权限修饰符不能修饰局部变量。表 3-2 列出了 4 种权限修饰的含义。

表 3-2　访问权限修饰符

权限 位置	private	default	protected	public
类内部	√	√	√	√
同包无继承关系类		√	√	√
同包子类		√	√	√
不同包子类			√	√
不同包无继承关系类				√

3.8　对象的多态性

多态是面向对象程序设计的重要部分，是面向对象的 3 个基本特征之一。在 Java 语言中，通常使用方法的重载和覆盖实现类的多态性。多态性在 Java 中主要有以下两种形式：

（1）方法的重载和覆盖

（2）对象的动态性

方法的重载和覆盖请参看 3.3.2 节，下面重点介绍对象的多态性。

对象的多态性主要分为以下两种类型：

（1）向上转型：子类对象→父类对象

（2）向下转型：父类对象→子类对象

对于向上转型，程序会自动完成，而对于向下转型，必须明确指明要转型的子类类型，格式如下：

　　　　对象向上转型：父类 父类对象 = 子类对象

　　　　对象向下转型：子类 子类对象 = (子类)父类对象

下面的示例演示了如何实现父类与子类之间的转型。

```java
class Person {
    private String name;
    private int age;
    Person(String name,int age){
        this.name = name;
        this.age = age;
    }
    public String toString() {
        return "姓名："+name+"，年龄"+age;
    }
}
class Teacher extends Person {
    private float salary;
    Teacher(String name,int age,float salary) {
        super(name, age);
        this.salary = salary;
    }
    public String toString() {
        return super.toString()+"，薪水"+salary;
    }
}
class Student extends Person {
    private float score;
    Student(String name, int age ,float score) {
        super(name, age);
        this.score = score;
    }
    public String toString() {
```

```
            return super.toString()+"，学生成绩："+score;
        }
    }
    public class PolDemo02 {
        public static void main(String[] args) {
            Person p = new Teacher("eva",33,2000.0f);    // 向上转型
            Teacher t = (Teacher)p;                        // 向下转型
            System.out.println(p.toString());
            System.out.println(t.toString());
            /*Person p = new Person("john",30);
            Teacher t = (Teacher)p;
            System.out.println(p.toString());
            System.out.println(t.toString());*/
        }
    }
```

程序运行结果如下：

```
Console ☒    Problems  @ Javadoc
<terminated> PolDemo02 [Java Application] E:\J2EE
姓名：eva，年龄33，薪水2000.0
姓名：eva，年龄33，薪水2000.0
```

　　程序中有一段被注释掉的程序块，是不能实现的，读者可以去掉注释运行一下，系统会提示"错误的转型"，因为在进行对象的向下转型前，必须首先发生对象的向上转型，否则将出现对象转换异常。也就是说对象不允许不经过向上转型而直接向下转型。

　　经过向上和向下转型后，可能会疑惑某个引用到底指向哪种类型对象，在 Java 中可以使用 instanceof 关键字判断一个对象到底是哪个类的实例，格式如下：

```
        对象引用 instanceof 类名     ->   返回 boolean 类型
        对象引用 instanceof 接口名   ->   返回 boolean 类型
```

示例如下：

```
    class InstanceofDemo {
        public void addOne(Shape s){
            if(s instanceof Rectangle){
                Rectangle r = (Rectangle)s ;
                r.width++ ;
                r.height++ ;
            }else if(s instanceof Circle){
                Circle c = (Circle)s ;
                c.radius++ ;
            }else if(s instanceof Triangle){
                Triangle t = (Triangle)s ;
                t.a++ ;
                t.b++ ;
                t.c++ ;
            }
        }
```

```
    }
abstract class Shape{
        double area ;
        public abstract double getArea();
}
class Rectangle extends Shape{
        int width ;
        int height ;
        public Rectangle(int width , int height){
                super();
                this.width = width ;
                this.height = height ;
        }
        @Override
        public double getArea() {
                return width * height;
        }
}
class Circle extends Shape{
        public final static double PI = 3.14;
        int radius ;
        public Circle(int radius){
                super();
                this.radius = radius ;
        }
        @Override
        public double getArea() {
                return PI * radius;
        }
}
class Triangle extends Shape{
        int a,b,c;
        public Triangle(int a,int b,int c){
                super();
                this.a = a ;
                this.b = b ;
                this.c = c ;
        }
        @Override
        public double getArea() {
                float p = (a + b + c)/2;
                return Math.sqrt((p-a)*(p-b)*(p-c));
        }
}
```

上例的 addOne() 方法是把传入的平面图形的大小增加 1，矩形的长和宽增加 1，圆形的半径增加 1，三角形三条边各增加 1。**public void** addOne(Shape s) 参数为 Shape 抽象类，传入的对象是 Shape 类的子类（Rectangle、Circle 或 Triangle）。具体是哪一个子类通过 instanceof

运算符来判断。本例的引用是抽象类，当然，接口也可以。instanceof 的返回值为 true 或 false 的 boolean 类型。

3.9 包装类（Wrapper）

Java 的设计思想是一切皆为对象，但 Java 的 8 种基本类型并不是对象，因此，Sun 给 8 个基本数据类型分别增加了属性和方法，生成了相对应的 8 个类，称为包装类。具体如表 3-3 所示。

表 3-3 包装类

序号	基本数据类型	包装类
1	byte	java.lang.Byte
2	short	java.lang.Short
3	int	java.lang.Integer（注意类名）
4	long	java.lang.Long
5	float	java.lang.Float
6	double	java.lang.Double
7	char	java.lang.Character（注意类名）
8	boolean	java.lang.Boolean

查阅帮助文档会发现，每个包装类都包含了几十个方法，每个包装类都有一些类似功能的方法。可归纳总结为以下几个方面。

3.9.1 基本数据类型转换为包装类

包装类顾名思义就是把基本数据类型进行包装的类，基本数据类型会被包装起来成为类的一个属性，同时还会增加一些新的属性和方法。

```
int x = 6 ;
Integer y = new Integer(x) ;
Integer z = new Integer(12) ;
```

整型类型变量 x 和 12 分别被包装为 Integer 包装类对象 y 和 z。使 y 和 z 具有了属性和方法，这些属性和方法能够把包装的整数转换为各种形式。帮助文档中 8 个包装类都有对应的构造方法把基本数据类型转换为包装类。

3.9.2 字符串转换为包装类

字符串转换为包装类，也要使用包装类的构造方法。

```
String s = "3.14";
Double d = new Double(s);
Boolean b = new Boolean("true");
```

上面 3 个字符串通过构造方法转换为相应的包装类。除了 Character 包装类，其他 7 个类都有把字符串转换为包装类的构造方法。如果字符串不是由合法的数字组成，则转换不成功，编译可以通过，运行时会抛出 NumberFormatException 类异常。

3.9.3　包装类转换为基本数据类型

基本数据类型转换为包装类之后，增加了新的属性和方法。但是转换为包装类之后，包装类就不能像基本数据类型那样参与运算。所以，如果要进行运算，还要把包装类转换为基本数据类型。归纳简化为如下的格式：

　　public　type　typeValue()

其中 type 代表 8 个基本数据类型，如：intValue()、floatValue()等等。例如：

　　Integer x = new Integer(3);
　　Integer y = new Integer(6);
　　int a = x. intValue();
　　int b = y. intValue();
　　int c = a + b;

3.9.4　字符串转换为基本数据类型

7 个包装类都包含了静态方法实现将字符串转换为基本数据类型。归纳简化为如下的格式：

　　public static　type　parseType (String s)

其中 type 代表除字符串外的 7 个基本数据类型，如：parseInt()、parseFloat()等等。如果字符串不是由合法的数字组成，运行时会抛出 NumberFormatException 类异常。

各种数据类型的转换关系如图 3-3 所示。

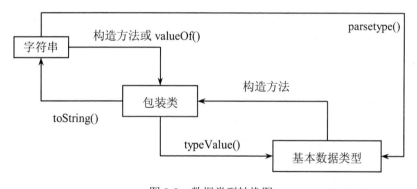

图 3-3　数据类型转换图

3.9.5　自动装箱和自动拆箱

基本数据类型转换为包装类称为装箱，把包装类转换为基本数据类型称为拆箱。装箱时使用的是构造方法，拆箱时可以使用 parseType()方法。如下例所示。

```
public class Demo {
    public static void main(String[] args) {
        Integer x = 10 ;
        Integer y = 20 ;
        Integer z = x + y ;
```

```
            System.out.println(z);
        }
    }
```

实际上这些装箱和拆箱的工作由编译器完成。

3.9.6　覆盖父类的方法

包装类是 Object 的子类，在包装类里覆盖了父类的方法，常用的是 equals()和 toString()方法。覆盖后的 equals()方法不再比较引用的值，而是比较被包装的基本数据类型的值是否相等。覆盖后的 toString()返回被包装的基本数据类型的值。

本章小结

本章首先介绍了面向对象的基本概念和基本特性，然后分别对 Java 中类和对象、继承、抽象类、接口和包、多态等重要概念进行了详细介绍，最后介绍了包装类。

习　题

3-1　下列哪种说法是正确的（　　　　）。
　　A．实例方法可直接调用超类的实例方法
　　B．实例方法可直接调用超类的类方法
　　C．实例方法可直接调用其他类的实例方法
　　D．实例方法可直接调用本类的类方法

3-2　能用来修饰 interface 的有（　　　　）。
　　A．private　　　　B．public　　　　C．protected　　　　D．static

3-3　下列说法正确的是（　　　　）。
　　A．在类方法中可用 this 来调用本类的类方法
　　B．在类方法中可直接调用本类的类方法
　　C．在类方法中只能调用本类中的类方法
　　D．在类方法中绝对不能调用实例方法

3-4　阅读程序，写出运行结果。

```java
public class Jtest01 {
    int m = 1;
    int i = 3;
    void Jtest01() {
        m = 2;
        i = 4;
    }
    public static void main(String[] args) {
        Jtest01 app = new Jtest01();
        System.out.println(app.m + "," + app.i);
    }
}
```

3-5 阅读程序，写出运行结果。

```java
public class Jtest02 {
    static void oper(int b) {
        b = b + 100;
    }
    public static void main(String[] args) {
        int a = 99;
        oper(a);
        System.out.println(a);
    }
}
```

第 4 章　Java 异常

本章内容：介绍 Java 异常处理机制，包括异常的概念、异常分类、异常处理和异常处理中的原则等内容。

学习目标：

- 理解异常的概念
- 熟悉 Java 异常分类
- 掌握 Java 异常处理机制
- 掌握 try、catch、finally、throws 和 throw 五个关键字的使用

4.1　异常的概念

Java 程序的异常处理方法是一种非常实用的辅助性程序设计方法。采用 Java 异常处理方法可以在程序设计时将程序的正常流程与错误处理分开，利于代码的编写与维护。而且异常处理方法具有统一的模式，从而进一步简化了程序设计。

异常是在运行时程序代码序列中产生的一种异常情况、异常事件。例如：文件读写时找不到指定的路径，还有数据库操作时连接不到指定的数据库服务器等。此时程序无法继续运行，导致整个程序运行中断。

在 Java 中一切的异常都秉承面向对象的设计思想，所有的异常都以类和对象的形式存在，除了 Java 中已经提供的各种异常类外，用户也可以根据需要定义自己的异常类。

在程序实际的应用中，任何程序都可能存在问题，所以在程序开发中对于错误的处理是极其重要的，一定要对各种问题进行处理，而 Java 提供的异常处理机制可以帮助用户更好地解决这方面的问题。

4.2　Java 中的异常类及其分类

Java 通过面向对象的方法进行异常处理，把各种不同的异常进行分类，并提供了良好的接口。在 Java 中，每个异常都是一个对象，它是 Throwable 类或其子类的实例。当一个方法出现异常后便抛出一个异常对象，此时系统（JVM）会自动实例化一个异常类对象，该对象中保存了具体的异常描述信息，调用这个对象的方法可以捕获到这个异常并进行处理。Throwable 类及其子类的关系，如图 4-1 所示。

Throwable 类有两个重要的子类：Error 和 Exception。

Error 特指应用程序在运行期间发生的严重错误，例如：虚拟机内存用尽、堆栈溢出、动态链接失败等，对于这类错误导致的应用程序中断，程序无法预防和恢复。一般情况下这种错误都是灾难性的，所以没有必要使用异常处理机制处理 Error。

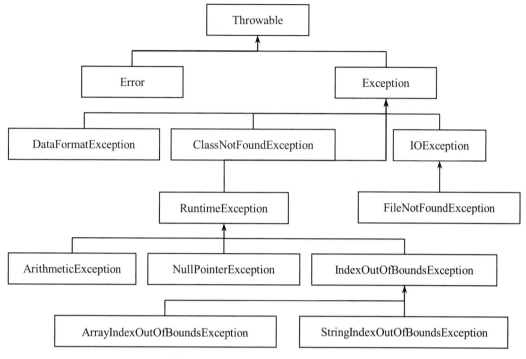

图 4-1　Throwable 类及其子类的关系

Exception 则是指一些可以被捕获且可能恢复的异常情况，如数组下标越界、数字被零除产生异常、输入/输出异常等。

Exception 又分为运行时异常（RuntimeException）和非运行时异常。

运行时异常类及其子类都属于运行时异常，如 NullPointerException（空指针异常）、数字被零除产生异常、IndexOutOfBoundsException（下标越界异常）等异常是不检查的，程序中可以选择捕获处理，也可以不处理。这些异常一般是由程序逻辑错误引起的，程序应该从逻辑角度尽可能避免这类异常的发生。

非运行时异常 （编译异常）是 RuntimeException 以外的异常，类型上都属于 Exception 类及其子类。从程序语法角度讲是必须进行处理的异常，如果不处理，程序就不能编译通过。如 IOException、SQLException 等以及用户自定义的 Exception 异常，一般情况下不自定义检查异常。

4.3　Java 异常处理机制

Java 中有两种异常处理机制：捕获处理异常和声明抛出异常。在 Java 中，与异常有关的关键字有 try、catch、throw、throws 和 finally。通过 try、catch、finally 关键字实现捕获处理异常；通过 throw、throws 关键字声明抛出异常。

4.3.1　捕获处理异常

Java 提供了一套完整的异常处理机制。整个 Java 的异常处理都是按照面向对象的方式进行设计的，处理的基本形式如下。

```
try {
    可能出现异常的语句;
} [ catch (异常类型 异常对象) {
    处理异常;
} catch (异常类型 异常对象) {
    处理异常;
} ... ] [finally {
    不管是否出现异常，都执行此代码;
}]
```

以上语法有三个代码块：

try 语句块：表示要尝试运行的代码，try 语句块中代码受异常监控，其中代码发生异常时，会抛出异常对象，发生异常代码的后面语句不再执行。

catch 语句块：捕获 try 代码块中发生的异常，并在其代码块中做异常处理，catch 语句带一个 Throwable 类型的参数，表示可捕获异常类型。当 try 语句块中出现异常时，catch 会捕获到发生的异常，并和自己的异常类型匹配，若匹配，则执行 catch 块中的代码，并将 catch 块参数指向所抛的异常对象。catch 语句可以有多个，用来匹配多个异常，一旦匹配上，就不再尝试匹配别的 catch 块了。通过异常对象可以获取异常发生时完整的 JVM 堆栈信息，以及异常信息和异常发生的原因等。

finally 语句块：是紧跟 catch 语句后的语句块，这个语句块总在方法返回前执行，而不管是否 try 语句块发生异常。目的是给程序一个补救的机会。这样做也增强了 Java 语言的健壮性。

try、catch、finally 三个语句块应注意的问题：

（1）try、catch、finally 三个语句块均不能单独使用，三者可以组成 try...catch...finally、try...catch、try...finally 三种结构，catch 语句可以有一个或多个，finally 语句最多一个。

（2）try、catch、finally 三个代码块中变量的作用域为代码块内部，分别独立而不能相互访问。如果要在三个块中都可以访问，则需要将变量定义到这些块的外面。

（3）即便有多个 catch 块，都只会匹配其中一个异常类并执行对应的 catch 块代码，而不会再执行别的 catch 块，匹配 catch 语句的顺序是由上到下。

捕获处理异常的第一步是用 try 选定监控异常的范围，每个 try 代码块可以伴随一个或多个 catch 代码块，用于处理 try 代码块中的方法可能抛出的异常。catch 语句需要指明它所能够捕获处理的异常类型，捕获异常的顺序和 catch 语句的顺序有关。因此，在安排 catch 语句的顺序时，首先应该捕获最特殊的异常，然后再逐渐一般化。也就是一般先匹配子类，再匹配父类。当捕获到一个异常时，剩下的 catch 语句就不再进行匹配。finally 语句保证在控制流转到程序的其他部分以前，finally 代码块中的程序都被执行。不管在 try 代码块中是否发生了异常事件，finally 代码块中的语句都会被执行。

异常处理的流程如图 4-2 所示。

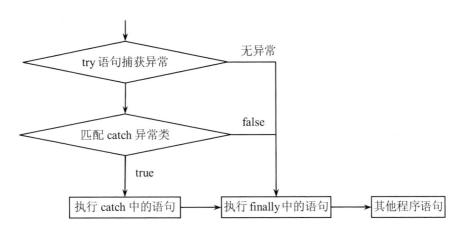

图 4-2　异常处理流程

下面是一个捕获处理异常的示例：

```
public class TestException01 {
    public static void main(String args[]) {
        int i = 0;
        String greetings[] = { " hello world !", " Hello World !! ",
                " HELLO WORLD !!!" };
        while (i < 4) {
            try {
                // 特别注意循环控制变量 i 的设计，避免造成无限循环
                System.out.println(greetings[i++]);
            } catch (ArrayIndexOutOfBoundsException e) {
                System.out.println("数组下标越界异常");
            } finally {
                System.out.println("------------------------");
            }
        }
    }
}
```

运行这段程序代码的结果如下：

```
Console ✕    Problems  @ Javado
<terminated> Demo [Java Application] E:\J2EE:
hello world !
------------------------
Hello World !!
------------------------
HELLO WORLD !!!
------------------------
数组下标越界异常
------------------------
```

从这段代码的运行结果中不难看出，当 System.out.println(greetings[i++]);语句执行过程中出现了数组越界时，将被 catch 块捕获。

再看下面的例子：

```java
public class TestException02 {
    public static void main(String[] args) {
        int[] intArray = new int[3];
        try {
            for (int i = 0; i <= intArray.length; i++) {
                intArray[i] = i;
                System.out.println("intArray["+ i + "] = "+intArray[i]);
                System.out.println("intArray[" + i + "]模 " + (i - 2)
                        + "的值： " + intArray[i] % (i - 2));
            }
        } catch (ArithmeticException e) {
            System.out.println("除数为 0 异常。");
            System.out.println(e.getMessage());
        } catch (ArrayIndexOutOfBoundsException e) {
            System.out.println("intArray 数组下标越界异常。");
            System.out.println(e.getStackTrace());
        }
        System.out.println("程序正常结束。");
    }
}
```

运行这段程序代码的结果如下：

```
Console 23    Problems   @ Javadoc   Declaratio
<terminated> Demo [Java Application] E:\J2EE相关\eclipse\jre\
intArray[0] = 0
intArray[0]模 -2的值：  0
intArray[1] = 1
intArray[1]模 -1的值：  0
intArray[2] = 2
除数为0异常。
/ by zero
程序正常结束。
```

程序可能会出现除数为 0 异常，还可能会出现数组下标越界异常。程序运行过程中 ArithmeticException 异常类型是先行匹配的，因此执行相匹配的 catch 语句：

```java
catch (ArithmeticException e) {
    System.out.println("除数为 0 异常。");
    System.out.println(e.getMessage());
}
```

需要注意的是，一旦某个 catch 捕获到匹配的异常类型，将进入异常处理代码。一经处理结束，就意味着整个 try…catch 语句结束。其他的 catch 子句不再有匹配和捕获异常类型的机会。

程序代码中，catch 关键字后面括号中 Exception 类型的参数 e 是 ArithmeticException、ArrayIndexOutOfBoundsException 两个异常类的对象，就是 try 代码块传递给 catch 代码块的变量类型，e 就是变量名。catch 代码块中语句"e.getMessage();"用于输出错误信息。通常异常处理用 3 个函数来获取异常的有关信息：

getCause()：返回抛出异常的原因。如果 cause 不存在或未知，则返回 null。

getMessage()：返回异常的消息信息。

printStackTrace()：将 Throwable 对象的堆栈跟踪信息输出至标准错误输出流，这种方式打印的异常信息是最完整的。

上面的示例演示了 Java 捕获异常的处理过程，下面通过流程图 4-3 来分析出现异常后的异常处理机制。

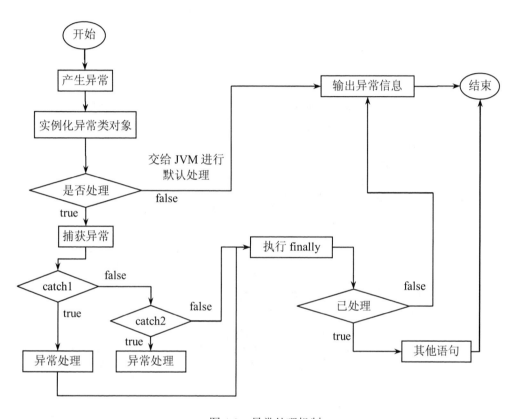

图 4-3　异常处理机制

异常处理分析：

（1）如果程序中产生了异常，那么会自动地由 JVM 根据异常的类型，实例化一个指定的异常类对象。

（2）如果这个时候程序中没有任何的异常处理操作，则这个异常类的实例化对象将交给 JVM 进行处理，而 JVM 的默认处理方式就是进行异常信息的输出，然后中断程序执行。

（3）如果程序中存在异常处理，则会由 try 语句捕获产生的异常类对象。

（4）与 try 之后的每一个 catch 进行匹配，如果匹配成功，则使用指定的 catch 进行处理，如果没有匹配成功，则继续匹配后面的 catch，如果没有任何的 catch 匹配成功，则这个时候将交给 JVM 执行默认处理。

（5）不管是否有异常都会执行 finally 程序。如果没有异常，执行完 finally 会继续执行程序之中的其他代码，如果有异常没有能够处理（没有一个 catch 可以满足），也会执行 finally，但是执行完 finally 之后，将默认交给 JVM 进行异常的信息输出，并且中断程序。

通过以上的分析发现，实际上 catch 捕获异常类型的操作和方法接收参数一样。按照之前所学习过的对象多态性来讲，所有的异常类都是 Exception 的子类，实际上所有的异常都可以使用 Exception 进行接收。但由于对有多个 catch 子句的异常程序而言，是按 catch 子句的顺序判断的，因此应该尽量将捕获底层异常类的 catch 子句放在前面，同时尽量将捕获相对高层的异常类的 catch 子句放在后面。也就是一般先匹配子类，再匹配父类。否则，捕获底层异常类的 catch 子句将可能会被屏蔽。请分析下面的示例，理解为什么程序会出错。

```java
public class TestException03 {
    public static void main(String args[]) {
        System.out.println("除法计算开始。") ;
        try {
            int x = Integer.parseInt(args[0]) ;           // 接收参数并转换为整型
            int y = Integer.parseInt(args[1]) ;           // 接收参数并转换为整型
            int result = x / y ;                          // 可能产生异常
            System.out.println("除法计算结果：" + result) ;
        } catch (Exception e) {                           // 处理异常
            System.out.println("其他异常：" + e) ;
        } catch (ArithmeticException e) {                 // 处理算数异常
            System.out.println("算数异常：" + e) ;
        } catch (NumberFormatException e) {               // 处理数字转换异常
            System.out.println("数字转换异常：" + e) ;
        } catch (ArrayIndexOutOfBoundsException e) {      // 处理数字越界异常
            System.out.println("数组越界异常：" + e) ;
        } finally {
            System.out.println("不管是否出现异常都执行") ;
        }
        System.out.println("除法计算结束。") ;
    }
}
```

上面的程序在 Eclipse IDE 中编译时会提示错误，比如：Unreachable catch block for ArithmeticException. It is already handled by the catch block for Exception 这样的提示，因为 Exception 捕捉的范围最大，所以后面的全部异常都不可能被处理。一般在开发中，不管出现任何异常都可以直接使用 Exception 进行处理，这样会比较方便。上面的代码可以使用 Exception 来处理。

```java
public class TestException04 {
    public static void main(String args[]) {
        System.out.println("除法计算开始。") ;
        try {
            int x = Integer.parseInt(args[0]) ;     // 接收参数并变为整型
            int y = Integer.parseInt(args[1]) ;     // 接收参数并变为整型
            int result = x / y ;                    // 可能产生异常
            System.out.println("除法计算结果：" + result) ;
```

```
        } catch (Exception e) {                         // 处理异常
            System.out.println("其他异常：" + e) ;
        } finally {
                System.out.println("不管是否出现异常都执行") ;
        }
        System.out.println("除法计算结束。") ;
    }
}
```

4.3.2　声明抛出异常

抛出异常也是生成异常对象的过程。异常或是由虚拟机生成，或是在程序中生成。任何 Java 代码都可以抛出异常，如：自己编写的代码、来自 Java 开发环境包中的代码，或者 Java 运行时系统，都可以通过 Java 的 throw 语句抛出异常。从方法中抛出的任何异常都必须使用 throws 子句实现。

1．throws 抛出异常

如果一个方法可能会出现异常，但没有能力处理这种异常，可以在方法声明处用 throws 子句来声明抛出异常。例如汽车在运行时可能会出现故障，汽车本身没办法处理这个故障，那就让开车的人来处理。Java 的 JVM 使得异常对象可以从调用栈向上传播，直到有相应的方法捕获它为止。

声明抛出异常是在方法声明中的 throws 子句中指明的。throws 语句用在方法定义时声明该方法要抛出的异常类型，如果抛出的是 Exception 异常类型，则该方法被声明为抛出所有的异常。多个异常可使用逗号分割。throws 语句的语法格式为：

```
返回值类型 方法名(方法参数类型 1 对象 1，… … 方法参数类型 n 对象 n ) throws
Exception1,Exception2,..,ExceptionN{
方法体
}
```

方法名后的 throws Exception1,Exception2,...,ExceptionN 为声明要抛出的异常列表。当方法抛出异常列表中的异常时，方法将不对这些类型及其子类类型的异常做处理，而抛向调用该方法的方法，由它去处理。例如：

```
import java.lang.Exception;
public class TestException05 {
    static void pop() throws NegativeArraySizeException {
        // 定义方法并抛出 NegativeArraySizeException 异常
        int[] arr = new int[-3];                        // 创建数组
    }
    public static void main(String[] args) {            // 主方法
        try {                                           // try 语句处理异常信息
            pop();                                      // 调用 pop()方法
        } catch (NegativeArraySizeException e) {
            System.out.println("pop()方法抛出的异常");    // 输出异常信息
        }
    }
}
```

使用 throws 关键字将异常抛给调用者后，如果调用者不想处理该异常，可以继续向上抛出，但最终要有能够处理该异常的调用者。上例中的 pop()方法没有处理异常 NegativeArraySizeException，而是由 main 函数来处理。

throws 抛出异常的规则如下：

（1）如果是不可查异常（unchecked exception），即 Error、RuntimeException 或它们的子类，则可以不使用 throws 关键字来声明要抛出的异常，编译仍能顺利通过，但在运行时会被系统抛出；

（2）必须声明方法可抛出的任何可查异常（checked exception）。即如果一个方法可能出现可查异常，要么用 try…catch 语句捕获，要么用 throws 子句声明将它抛出，否则会导致编译错误；

（3）仅当抛出了异常，该方法的调用者才必须处理或者重新抛出该异常。当方法的调用者无力处理该异常时，应该继续抛出；

（4）调用方法必须遵循任何可查异常的处理和声明规则。若覆盖一个方法，则不能声明与覆盖方法不同的异常。声明的任何异常必须是被覆盖方法所声明异常的同类或子类。

2．throw 抛出异常

之前讨论的所有异常类对象都是 Java 类库中的异常，由 JVM 自动进行实例化操作。Java 还允许开发者定义自己的异常类，称之为自定义异常。但需要遵守的规则是：自定义异常类必须是 Throwable 的子类，而更多的时候自定义的异常类都继承自 Exception 类。

throw 总是出现在方法体中，用来抛出一个 Throwable 类型的异常。程序会在 throw 语句后立即终止，它后面的语句不再执行，然后在包含它的所有 try 块中（可能在上层调用方法中）从里向外寻找含有与其匹配的 catch 子句的 try 块。

创建异常类的实例对象，再通过 throw 语句抛出。该语句的语法格式为：

throw new exceptionname;

例如抛出一个 IOException 类的异常对象：throw new IOException;

下面的例子说明了如何编写自定义异常。

```java
import java.lang.Exception;
public class TestException06 {
// 定义方法抛出异常
    static int quotient(int x, int y) throws MyException {      // 判断参数是否小于 0
        if (y < 0) {
            throw new MyException("除数不能是负数");       // 异常信息
        }
        return x/y;                                      // 返回值
    }
    public static void main(String args[]) {             // 主方法
        int    a =3;
        int    b =0;
        try {                                            // try 语句包含可能发生异常的语句
            int result = quotient(a, b);                 // 调用方法 quotient()
        } catch (MyException e) {                         // 处理自定义异常
            System.out.println(e.getMessage());          // 输出异常信息
        } catch(ArithmeticException e){                   // 处理 ArithmeticException 异常
```

```
            System.out.println("除数不能为 0");              // 输出提示信息
        } catch (Exception e) {                            // 处理其他异常
            System.out.println("程序发生了其他的异常");    // 输出提示信息
        }
    }
}
class MyException extends Exception {                      // 创建自定义异常类
    String message;                                       // 定义 String 类型变量
    public MyException(String ErrorMessagr) {             // 父类方法
        message = ErrorMessagr;
    }
    public String getMessage() {                          // 覆盖 getMessage()方法
        return message;
    }
}
```

4.4　异常的应用

try…catch…finally 和 throws、throw 语句读者感觉用起来很简单，逻辑上似乎也很容易理解。下面的示例是为了测试读者对异常的理解和掌握程度。

```
public class TestException07 {
    public TestException() {
        boolean testEx() throws Exception {
            boolean ret = true;
            try {
                ret = testEx1();
            } catch (Exception e) {
                System.out.println("testEx, catch exception");
                ret = false;
                throw e;
            } finally {
                System.out.println("testEx, finally; return value=" + ret);
                return ret;
            }
        }
        boolean testEx1() throws Exception {
            boolean ret = true;
            try {
                ret = testEx2();
                if (!ret) {
                    return false;
                }
                System.out.println("testEx1, at the end of try");
                return ret;
            } catch (Exception e) {
```

```java
                        System.out.println("testEx1, catch exception");
                        ret = false;
                        throw e;
                    } finally {
                        System.out.println("testEx1, finally; return value="+ret);
                        return ret;
                    }
                }
    boolean testEx2() throws Exception {
        boolean ret = true;
        try {
            int b = 12;
            int c;
            for (int i = 2; i >= -2; i--) {
                c = b / i;
                System.out.println("i=" + i);
            }
            return true;
        } catch (Exception e) {
            System.out.println("testEx2, catch exception");
            ret = false;
            throw e;
        } finally {
            System.out.println("testEx2, finally; return value="+ ret);
            return ret;
        }
    }
    public static void main(String[] args) {
        TestException testException1 = new TestException();
        try {
            testException1.testEx();
        } catch (Exception e) {
            e.printStackTrace();
        }
    }
}
```

本章小结

本章首先对异常的概念进行了简要的介绍，之后详述了 Java 中异常类的继承结构和分类，讲解了 Java 的两种异常处理机制：捕获处理异常、声明抛出异常，重点讲解 try、catch、finally、throws 和 throw 五个关键字的使用方法及应用，最后通过一个示例测试读者对异常处理的理解和掌握。

习题

4-1　运行时异常与一般异常有何异同?

4-2　描述 Java 中异常处理的机制?

4-3　下列不是用来捕获处理异常的关键字是（　　　　）。

　　A．throws　　　　　B．try　　　　　C．catch　　　　　D．finally

4-4　下列哪个关键字是用来在方法名后声明抛出异常的（　　　）。

　　A．throw　　　　　B．throws　　　　　C．enum　　　　　D．final

4-5　在抛出异常时，会自动调用这个异常的哪个方法（　　　）。

　　A．clone()　　　　　　　　　　B．getMessage()

　　C．fillInStackTrace()　　　　　D．toString()

第 5 章　Java 常用类库

本章内容：介绍 Java 编程中经常使用的语言类库，包括 Java 的语言基础类库、实用类库、文本类库以及一些应用。在开发过程中，可以利用这些成熟、稳定的类库为进一步的编程和开发提供方便。结合本章学习，读者还可以学会查看 Java API 的联机帮助信息。

学习目标：

- 了解 Java 类库的主要内容，掌握 Java API 联机文档的查看方法
- 掌握充分利用系统提供的类库进行编程的思路及方法
- 掌握 Java 类库中几个常用类及应用（如 Math 类、日期类等）
- 利用系统提供的类对日期及数字进行格式化处理的方法

5.1　Java 类库概述

Java 类库是系统提供的标准类的集合，是 Java 应用程序编程接口（Application Programming Interface，API），它可以帮助开发者方便、快捷地开发 Java 程序。这些系统定义好的类根据用途不同，可以划分成不同的包，常用的有语言包、实用包和文本包等。Java 类库常见的包如表 5-1 所示。

表 5-1　Java 类库中常用的包

序号	包名	描述
1	java.lang	java 最常用最基础的语言包，程序隐式导入此包
2	java.awt	抽象窗体工具包，提供图形界面的创建方法
3	javax.swing	跨平台轻量级组件包，提供纯 Java 图形界面创建类
4	java.sql	数据库访问包，提供数据库操作类
5	java.io	输入/输出流包
6	java.net	网络包，提供网络支持
7	java.util	实用工具包，提供日期、时间及集合类库
8	java.text	文本包，提供格式化、分析、排序等类

在 Java 类库中，位于下一层的类或接口将继承或实现位于上一层的类或接口，进而从上一层的类或接口中扩展属性和方法，丰富类的功能。程序员理解和掌握 Java 类库的层次结构，对开发设计非常有帮助，能很快形成面向对象的程序设计思路。

5.2　Java 语言包（java.lang）

语言包 java.lang 提供了 Java 语言最基础的类，通常称为 Java 基础类。主要包括 Object 类、包装类、字符串类（String 和 StringBuffer 类）、数学类（Math 类）、系统和运行时类（System 和 Runtime 类）、类操作类（Class 和 ClassLoader）。

5.2.1　String 类

String 是用来声明字符串的类，是 Java 中一个常用的类，下面将介绍 String 类的相关操作。

1．String 类对象的实例化和内容比较

String 类有两种实例化对象的方法，参考下面的示例理解 String 类的实例化方法。

```java
public class StringDemo01 {
    public static void main(String[] args) {
        // 直接实例化 String 对象
        String s1 = "ChenZhanWei";
        String s2 = "ChenZhanWei";
        // 调用 String 类中的构造方法实例化对象
        String s3 = new String("ChenZhanWei");
        String s4 = new String("ChenZhanWei");
        // "=="比较
        System.out.println("s1==s2->" + (s1==s2));
        System.out.println("s3==s4->" + (s3==s4));
        System.out.println("s1==s3->" + (s1==s3));
        // String 的内容比较
        System.out.println("s1 equals s2->" + (s1.equals(s2)));
        System.out.println("s3 equals s4->" + (s3.equals(s4)));
        System.out.println("s1 equals s3->" + (s1.equals(s3)));
        String s5 = "ChenZhanWei";
        System.out.println("JKX->" + s5);
    }
}
```

程序运行结果：

```
Problems  @ Javadoc  Declaration  Console
<terminated> StringDemo01 [Java Application] E:\J2EE相关\ecli
s1==s2->true
s3==s4->false
s1==s3->false
s1 equals s2->true
s3 equals s4->true
s1 equals s3->true
JKX->ChenZhanWei
```

从程序运行结果可以发现：

（1）String 类的 equals()方法重写了 Object 类的 equals()方法；

（2）String 类的两种实例化方法在实例化对象时存在差别，原因如下：

如果是直接实例化 String 对象，Java 中提供了一个字符串池来保存全部内容，这是 Java 的共享设计，即直接赋值的方式声明的多个对象在一个对象池中，新实例化的对象如果在池中已经定义了，则不再重新定义，而是直接使用，即对象 s1、s2 指向对内存中字符串池中的同一个对象。如果使用 new 关键字，不管如何都会开辟一个新的空间，对象 s3、s4 实际上是开辟了 2 个内存空间的引用，其地址值是不相同的。建议使用直接实例化的方法。

（3）String 类可以修改字符串的内容。

实际上字符串的内容是不可更改的，下面通过内存分配图理解字符串内容的不可更改性，如图 5-1 所示。

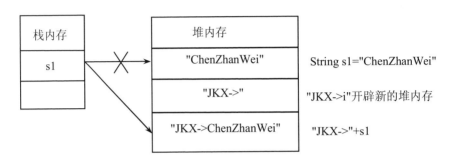

图 5-1　字符串修改的内存分配图

从上图可知，一个 String 对象内容的改变实际上是内存地址的改变，而本身字符串的内容并没有改变。一般字符串的修改由 StringBuffer 类完成。

2．String 类的常用方法

在 String 类中提供了大量的操作方法，为字符串处理提供了便利。常用的方法如表 5-2 所示。

表 5-2　String 类常用方法

序号	方法名	描述
1	public String(char[] value)	将一个字符数组变为字符串
2	public String(char[] value, int offset,int count)	将一个指定范围的字符数组变为字符串
3	public String(byte[] bytes)	将一个 byte 数组变为字符串
4	public String(byte[] bytes, int offset, int length)	将一个指定范围的 byte 数组变为字符串
5	public char[] toCharArray()	将一个字符串变为字符数组
6	public char charAt(int index)	从一个字符串中取出指定位置的字符
7	public byte[] getBytes()	将一个字符串变为 byte 数组
8	public int length()	获取字符串长度
9	public int indexOf(String str)	从头查找指定字符串的位置，找不到返回-1
10	public int indexOf(String str, int fromIndex)	从指定位置开始查找指定的字符串位置
11	public String trim()	清除左右两边的空格
12	public String substring(int begin)	截取从指定位置到尾部的字符串

序号	方法名	描述
13	public String substring(int begin, int end)	截取指定范围的字符串
14	public String[] split(String regex)	按指定字符串 regex 对字符串进行拆分(*)
15	public String toLowerCase()	将一个字符串全部变为小写字母
16	public String toUpperCase()	将一个字符串全部变为大写字母
17	public boolean startsWith(String prefix)	判断是否以指定的字符串开头
18	public boolean endsWith(String suffix)	判断是否以指定的字符串结尾
19	public boolean equals(Object anObject)	判断两个字符串是否相等
20	public boolean equalsIgnoreCase(String another)	不区分大小写比较两个字符串是否相等
21	public String replaceAll(String regex, String replace)	用字符串 replace 替换匹配 regex 的字符串

关于 String 类的更多方法，读者可以参考 JDK API 开发文档。下面是 String 类的常用方法应用范例。

```java
public class StringDemo02 {
    public static void main(String[] args) {
        // 1.字符串变成字符数组
        String s1 = "SoftWare Technology";
        char[] ca = s1.toCharArray();
        for (int i = 0; i < ca.length; i++) {
            System.out.print(ca[i]+"\t");
        }
        // 2.字符数组变成字符串
        String s2 = new String(ca);
        String s3 = new String(ca, 0, 4);
        System.out.println(s2);
        System.out.println(s3);
        // 3.从字符串中取出指定位置的字符
        String s4 = "computer network!";
        char ca1 = s4.charAt(3);
        System.out.println(ca1);
        // 4.将字符串变成字节数组
        String s5 = "Data structure";
        byte[] b = s5.getBytes();
        for (int i = 0; i < b.length; i++) {
            System.out.println(b[i] + "\t");
        }
        // 5.将一个字符数组变成字符串
        System.out.println(new String(b));
        System.out.println(new String(b,3,3));
        // 6.取得字符串的长度
        System.out.println("字符串的长度：" + "abcdefghend".length());
        // 7.字符串查找
```

```
String s6 = "abcdefghend";
System.out.println(s6.indexOf("c"));
System.out.println(s6.indexOf("c",3));
// 8.去掉字符串的左右空格，此方法不能去掉中间的空格
String s7 = "     令狐冲          ";
System.out.println(s7.trim());
// 9.字符串的截取=求子串
String s8 = "samll&bird&big&horse";
System.out.println(s8.substring(6));
System.out.println(s8.substring(6,10));
// 10.拆分字符串
System.out.println("拆分字符串");
String s9 = "samll&bird&big&horse";
String[] s = s9.split("&");
for (int i = 0; i < s.length; i++) {
        System.out.println(s[i]);
}
// 11.字符串的大小写转换
System.out.println("将\"Hello World\"转成大写：" +
        "Hello World".toUpperCase()) ;
System.out.println("将\"Hello World\"转成小写：" +
        "Hello World".toLowerCase()) ;
// 12.判断是否以指定的字符串开头或结尾
System.out.println("判断\"￥30000\"是否以\"￥\"开头：" +
        "￥30000".startsWith("￥")) ;
System.out.println("判断\"30000 元\"是否以\"元\"结尾：" +
        "30000 元".endsWith("元")) ;
// 13.不区分大小写的字符串比较
System.out.println("Hello".equalsIgnoreCase("hello"));
// 14.字符串替换功能
String s10 = "twlnvn";
String newString = s10.replaceAll("n", "e");
System.out.println(newString);
        }
    }
```

请读者自行测试上述应用范例。String 类在开发中应用较多，请务必熟练掌握其应用方法。

5.2.2 StringBuffer 类

StringBuffer 类支持的方法大部分与 String 类似。因为 StringBuffer 类在程序开发中可以提升代码的性能，所以使用较多，Java 为了保证用户操作的适应性，在 StringBuffer 类中定义的大部分方法名称都与 String 类相同，读者可以自行查询 JDK API 文档。下面介绍一些常用的 StringBuffer 方法的应用范例。

1. 字符串连接操作

String 类的内容一旦声明就不可以改变，改变的只是内存地址的指向，而 StringBuffer 类

是使用缓存区的，内容可以改变，但不能直接赋值，需要用构造方法初始化。凡是频繁修改字符串内容的应用，都需要使用 StringBuffer 类来完成，在程序中使用 append()方法可以进行字符串的连接，而且此方法返回了一个 StringBuffer 类的实例，这样可以使用代码链的形式一直调用 append()方法，代码如下所示。

```java
public class StringBufferDemo01 {
    public static void main(String[] args) {
        StringBuffer sb = new StringBuffer();          // 声明对象
        sb.append("zknu.");                            // 向 StringBuffer 中添加内容
        sb.append("edu.").append("cn");               // 连续调用 append 方法添加内容
        sb.append("\n");                               // 添加一个转义符表示换行
        sb.append("数字 = ").append(3).append("\n");    // 添加数字
        sb.append("字符 = ").append('c').append("\n");  // 添加字符
        sb.append("布尔 = ").append(false);            // 添加布尔类型
        System.out.println(sb);                        // 内容输出
    }
}
```

程序运行结果如下：

```
Console ☒    Problems
<terminated> StringBufferDemo0
zknu.edu.cn
数字 = 3
字符 = c
布尔 = false
```

2. 在指定位置添加内容

可以直接使用 insert()方法在指定的位置上为 StringBuffer 添加内容，代码如下：

```java
public class StringBufferDemo02 {
    public static void main(String[] args) {
        StringBuffer sb = new StringBuffer();      // 声明对象
        sb.append("计算机科学系");                  // 向 StringBuffer 中添加内容
        sb.insert(0, "周口师范学院");               // 在所有内容之前添加
        System.out.println(sb);                    // 内容输出
        sb.insert(sb.length(), "-陈占伟");          // 在最后添加
        System.out.println(sb);                    // 内容输出
    }
}
```

程序运行结果如下：

```
Console ☒    Problems  @ Javadoc
<terminated> StringBufferDemo02 [Java App]
周口师范学院计算机科学系
周口师范学院计算机科学系-陈占伟
```

3. 字符串反转操作

字符串的反转操作是一种较为常见的操作，最早的字符串反转操作由栈来完成，在 StringBuffer 类中专门提供了字符串反转的操作方法。代码如下所示。

```java
public class StringBufferDemo03 {
    public static void main(String[] args) {
        StringBuffer sb = new StringBuffer();      // 声明对象
        sb.append("计算机科学系");                    // 向 StringBuffer 中添加内容
        sb.insert(0, "周口师范学院");                 // 在所有内容之前添加
        // 将内容反转后变为 String 类型
        String s = sb.reverse().toString();
        System.out.println(s);                      // 内容输出
    }
}
```

程序运行结果如下：

```
Console 器    Problems  @ Javadoc
<terminated> StringBufferDemo03 [Java App]
系学科机算计院学范师口周
```

4. 替换指定范围的内容

在 StringBuffer 类中也存在 replace()方法，使用此方法可以对指定范围的内容进行替换。代码如下所示。

```java
public class StringBufferDemo04 {
    public static void main(String[] args) {
        StringBuffer sb = new StringBuffer();          // 声明对象
        sb.append("JKX->rjxy").append("SAM");          // 添加内容
        sb.replace(9, 12, "->czw");                    // 将 SAM 替换为->czw
        System.out.println(sb);                        // 内容输出
    }
}
```

程序运行结果如下：

```
Console 器    Problems  @ Javadoc
<terminated> StringBufferDemo04 [Java App]
JKX->rjxy->czw
```

在 String 类中进行字符串替换使用的是 replaceAll()方法，读者在使用时应该注意。

5. 删除指定范围的字符串

因为 StringBuffer 本身的内容是可以更改的，所以也可以通过 delete()方法删除指定范围的内容。代码如下所示。

```java
public class StringBufferDemo05 {
    public static void main(String[] args) {
        StringBuffer sb = new StringBuffer();          // 声明对象
        sb.append("JKX->rjxy").append("SAM");          // 添加内容
        sb.replace(9, 12, "->czw");                    // 将 SAM 替换为->czw
```

```
            sb.delete(3, 9);                              // 删除指定范围的字符串
            System.out.println("删除之后的内容：" + sb);     // 内容输出
        }
    }
```

程序运行结果如下：

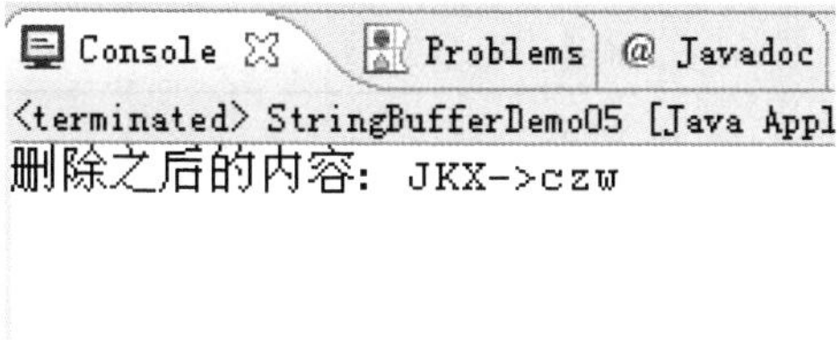

```
删除之后的内容：JKX->czw
```

6. 频繁修改字符串的操作

StringBuffer 类适用于频繁修改字符串内容的场合。示例如下。

```
    public class StringBufferDemo06 {
        public static void main(String[] args) {
            StringBuffer sb = new StringBuffer();         // 声明对象
            sb.append(true);
            for (int i = 0; i < 100; i++) {
                sb.append(i);                             // 比 String 性能高
            }
            System.out.println(sb);
        }
    }
```

5.2.3　Object 类

在 Java 中，如果不用关键字 extends 显式地指出类的父类，那么父类就是 Object。比如 Student 类的父类是 Person 类，而 Person 类的父类没有显式地继承某一个类，那么这个 Person 类的父类就是 Object。因此，所有的类都有一个公共的父类 Object。Object 类是 Java 中唯一一个没有父类的类，是 Java 最顶层的父类。在 Eclipse 中创建类时都默认指定其父类是 Object。如图 5-2 所示，默认父类是 Superclass：java.lang.Object。

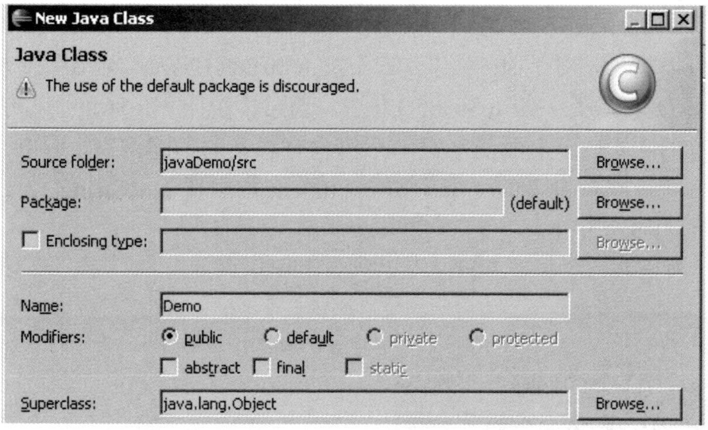

图 5-2　创建 Demo 类时的默认类是 Object

因为 Object 类是最顶层的类，所以，Java 中的任何一个类都继承了定义在 Object 类内的方法（Object 没有定义属性）。Object 类中主要方法如表 5-3 所示。

表 5-3　Object 类的常用方法

序号	方法名称	类型	描述
1	public Object()	构造	构造方法
2	public boolean equals(Object obj)	普通	对象比较
3	public String toString()	普通	对象输出
4	public int hashCode()	普通	取得 hash 码

1. toString() 方法

下面示例演示了 tostring()方法的应用。

```java
class Student{
    private String name;
    private int age;
    public Student(String name,int age){
        this.name = name;
        this.age = age;
    }
}
public class ObjectDemo {
    public static void main(String[] args) {
        Student stu = new Student("sam",20);
        System.out.println(stu);              // 直接输出
        System.out.println(stu.toString());   // 加上 toString()方法后输出
    }
}
```

程序执行结果如下：

```
Console ⬚   Problems   @ Javado
<terminated> Demo [Java Application] E:\J2EE
Student@c17164
Student@c17164
```

从运行结果可以看出，对于 stu 对象，加不加 toString()方法其输出结果是一样的，即对象输出时一定会调用 Object 类中的 toString()方法。通常情况下，toString()方法应该返回能够简明扼要地描述对象的文本，而上面的字符串不包含有意义的描述信息，所以，一般子类都会覆盖该方法，让该方法返回有意义的文本。如在 Student 类中覆盖 toString()方法代码如下：

```java
public String toString() {
    return "姓名： " + name + " 年龄： " + age;
}
```

执行结果就变为：

```
Console ⬚   Problems   @ Javado
<terminated> Demo [Java Application] E:\J2EE
姓名： sam 年龄： 20
```

2. equals()方法

Object 类提供的 equals()方法默认是比较地址的，并不能对内容进行比较，所以自定义的类如果要比较内容需要覆盖 Object 类的 equals()方法。

equals()方法和运算符"=="都用于判断是否相等，均返回 boolean 值，使用时很容易混淆，两者区别如下：

● 使用范围不同

运算符"=="可以比较基本数据类型，也可以比较引用数据类型。而 equals()方法只能比较引用数据类型。

● 运算符"=="的功能

比较基本数据类型时是比较数值是否相等；比较引用数据类型时是比较两个引用的值，即地址是否相等。

● 方法 equals()的功能

比较两个引用的值，即地址是否相等。很多子类中的 equals()方法覆盖了 Object 类的 equals()方法，改变了方法的功能，如 String 类等。

下面给出标准的 equals()方法的示例。

```java
class Person {
    private String name ;
    private int age ;
    public Person(String name,int age) {
        this.name = name ;
        this.age = age ;
    }
    public String toString() {                    // 覆写 Object 类的 toString()方法
        return "姓名：" + this.name + "，年龄：" + this.age ;
    }
    public boolean equals(Object obj) {
        if (this == obj) {
            return true ;
        }
        if (obj == null) {
            return false ;
        }
        if (! (obj instanceof Person)) {          // 不是本类对象
            return false ;
        }
        // 因为 name 和 age 属性是在 Person 类中定义，而 Object 类没有
        Person per = (Person) obj ;
        if (this.name.equals(per.name) && this.age == per.age) {
            return true ;
        }
        return false ;
    }
}
```

Object 是所有类的父类，因此 Object 类可以接收所有类的对象，但是在 Java 设计时，考虑到引用数据类型的特殊性，Object 类实际上是可以接收所有引用数据类型的数据，这就包括了数组、接口和类。

从接口定义而言，它是不能去继承一个父类的，但是由于接口依然属于引用类型，所以即使没有继承类，也可以使用 Object 接收。

```
interface Message {
}
class MessageImpl implements Message {          // 定义接口子类
    public String toString() {
        return "New Message : Hello World ." ;
    }
}
public class TestDemo {
    public static void main(String args[]) {
        Message msg = new MessageImpl() ;       // 向上转型
        Object obj = msg ;                      // 使用 Object 接收接口对象，向上转型
        Message temp = (Message) obj ;          // 向下转型
        System.out.println(temp) ;              // toString()
    }
}
```

从代码上讲，以上只能算是一个固定的操作概念，不过从实际来讲，因为有了 Object 类的出现，所有操作的数据就可以达到统一，所有的数据都可以使用 Object 接收。

3. hashCode()方法

该方法返回对象的哈希码。哈希码是一个代表对象的整数，可以把哈希码比作对象的身份证号码。在程序的运行期间，每次调用同一对象的 hashCode()方法，返回的哈希码必定相同。但是，多次执行同一个程序，程序的一次执行和下一次执行期间，同一对象的哈希码不一定相同。实际上，默认的哈希码是将对象的内存地址通过某种转换得到的，所以不同对象会有不同的哈希码。

5.2.4 Math 类

Math 类是一个用 final 关键字修饰的最终类，用来完成一些常用的数学运算，提供了一系列的数学操作方法，包括求绝对值、三角函数等。在 Math 类中提供的所有方法都是静态方法，所以在使用时直接由类名称调用即可。下面简单介绍 Math 类的基本操作。

```
public class MathDemo {
    public static void main(String[] args) {
        System.out.println("求平方根："+Math.sqrt(9.0));
        System.out.println("求两数的最大值："+Math.max(30, 16));
        System.out.println("求两数的最小值："+Math.min(30, 16));
        System.out.println("2 的 3 次方：："+Math.pow(2, 3));
        System.out.println("四舍五入："+Math.round(33.6));
        System.out.println("返回 1~10 之间的一个随机数:" + (int)(10 * Math.random() + 1));
    }
}
```

程序运行结果如下：

```
Problems  @ Javadoc  Declaration  Console
<terminated> MathDemo [Java Application] E:\J2EE相关\eclipse\jre
求平方根：3.0
求两数的最大值：30
求两数的最小值：16
2的3次方：：8.0
四舍五入：34
返回1~10之间的一个随机数:4
```

Math 类中有一个随机函数 Random()，返回一个 0.0～1.0 之间的 double 类型随机数。在 java.util 包中有一个 Random 类，是随机数产生类，可以指定一个随机数的范围，然后任意产生此范围中的数字。

Random 类的使用范例如下：生成 5 个随机数字，且数字不大于 100。

```java
import java.util.Random;
public class RandomDemo {
    public static void main(String[] args) {
        Random rd = new Random();
        for (int i = 0; i < 5; i++) {
            System.out.print(rd.nextInt(100)+"\t");
        }
    }
}
```

程序运行结果如下（可能的结果，每次运行生成的随机数不同）：

```
Console  Problems  @ Javadoc  Declaratic
<terminated> Demo [Java Application] E:\J2EE相关\eclipse\jre'
50        45        38        48        15
```

5.2.5　System 类

System 类提供了一些与系统相关的属性和方法的集合，在 System 类中所有的属性都是静态的，要想使用这些属性和方法，直接调用 System 类即可。常用的方法如表 5-4 所示。

表 5-4　System 类的常用方法

序号	方法	描述
1	public static void exit(int status)	系统退出
2	public static void gc()	垃圾回收
3	public static long currentTimeMillis()	返回当前时间
4	public static Properties getProperties()	取得当前系统全部属性
5	public static void arraycopy(Object src, int srcPos,　Object dest, int destPos, int length)	数组复制操作

System 类主要用于 java.io 流的打印，详见第 7 章 "Java 程序的输入/输出"。

5.2.6 Runtime 类

在 Java 中，Runtime 类表示运行时操作类，是一个封装了 JVM 进程的类，每一个 JVM 都对应着一个 Runtime 类的实例，此实例由 JVM 运行时对其实例化。在 JDK 文档中读者不会发现任何有关 Runtime 类构造方法的定义，这是因为 Runtime 类本身的构造方法是私有的，如果想取得一个 Runtime 实例，则只能通过以下方式：

Runtime run = Runtime.getRuntime();

Runtime 类中提供了一个静态 getRuntime()方法，可以得到 Runtime 类的实例，从而获取一些系统的信息。Runtime 类的方法如表 5-5 所示。

表 5-5　Runtime 类中的方法

序号	方法	描述
1	public static Runtime getRuntime()	取得 Runtime 类的实例
2	public long freeMemory()	返回 Java 虚拟机中的空闲内存量
3	public long maxMemory()	返回 JVM 的最大内存量
4	public void gc()	运行垃圾回收器，释放空间
5	public Process exec(String command) throws IOException	执行本机命令

Runtime 类中方法的使用范例如下：

```java
import java.io.IOException;
public class RuntimeDemo01 {
    public static void main(String[] args) {
        Runtime run = Runtime.getRuntime();
        System.out.println("JVM 最大内存量："+run.maxMemory());
        System.out.println("JVM 空闲内存量："+run.freeMemory());
        String s = "zknu.edu.cn";
        for (int i = 0; i < 1000; i++) {            // 循环修改 s，产生多个垃圾，会占用内存
            s += i;
        }
        System.out.println("循环后 JVM 空闲内存量："+run.freeMemory());
        run.gc();                                   // 垃圾回收，释放空间
        System.out.println("垃圾回收后 JVM 空闲内存量："+run.freeMemory());
        Process pro = null;                         // 声明一个 Process 对象，接收启动的进程
        try {
            pro = run.exec("calc.exe");             // 调用本机程序
        } catch (IOException e) {
            e.printStackTrace();
        }
        try {
            Thread.sleep(5000);                     // 让此线程存活 5 秒
        } catch (InterruptedException e) {
            e.printStackTrace();
```

```
        }
        pro.destroy();                              // 结束此线程
    }
}
```

程序运行结果如下：

```
Console ⊠      Problems  @ Javadoc
<terminated> RuntimeDemo01 [Java Applicatio
JVM最大内存量: 66650112
JVM空闲内存量: 4962552
循环后JVM空闲内存量: 4549792
垃圾回收后JVM空闲内存量: 5032800
```

程序调用本机计算器程序，5 秒后自动关闭。

5.3　日期操作类

Java 实用程序包 java.util 提供了实现各种不同实用功能的类，包括日期类、Random 类，各种集合类、迭代器类等，使用这些类，大大方便了用户编写各种实用程序。集合类、迭代器类将在第 6 章"Java 集合框架"讲解，本节主要讲解 java.util 包中的 Date 类、Calendar 类以及 java.text 包中的 SimpleDateFormat 类。

5.3.1　Date 类

java.util.Date 类是一个简单的日期操作类，通过构造方法 Date()实例化 Date 类对象。使用方法如下：

```
Date date = new Date();              // 直接实例化 Date 对象
System.out.println("当前日期为：" + date);
```

程序输出结果：当前日期为：Wed Apr 16 11:17:11 CST 2013

Date 类使用比较频繁，若其输出格式不符合用户的需求，可以使用 java.text 包中的 SimpleDateFormat 类输出要求的格式，这将在 SimpleDateFormat 类中讲解。

5.3.2　Calendar 类

Calendar 类是日历类，但这个类本身是一个抽象类，需要通过子类 GregorianCalendar 类实例化操作。GregorianCalendar 类提供了部分常量，分别表示日期的各个数字。

```
public static final int YEAR                   // 年
public static final int MONTH                  // 月
public static final int DAY_OF_MONTH           // 日
public static final int HOUR_OF_DAY            // 24 小时制
public static final int MINUTE                 // 分钟
public static final int SECOND                 // 秒
public static final int MILLISECOND            // 毫秒
```

下面的代码取得系统的当前日期。

```
Calendar calendar = new GregorianCalendar();   //实例化 Calendar 类
```

```
System.out.println("YEAR:"+calendar.get(Calendar.YEAR));
System.out.println("MONTH:"+(calendar.get(Calendar.MONTH) + 1));
System.out.println("DAY:"+calendar.get(Calendar.DAY_OF_MONTH));
System.out.println("HOUR:"+calendar.get(Calendar.HOUR_OF_DAY));
System.out.println("MINUTE:"+calendar.get(Calendar.MINUTE));
System.out.println("SECOND:"+calendar.get(Calendar.SECOND));
System.out.println("MILLI:"+calendar.get(Calendar.MILLISECOND));
```

上述代码通过 GregorianCalendar 类实例化 Calendar 类，利用其各种常量和 get()方法取得系统的当前时间，但代码相对复杂，所以 Java 又提供了 java.text.DateFormat 类对 Date 类进行格式化操作，变为符合要求的日期格式。

5.3.3 SimpleDateFormat 类

Java 文本包 java.text 中的 Format、DateFormat、SimpleDateFormat 等类提供了各种文本和日期格式。SimpleDateFormat 类的继承关系如下。

```
java.lang.Object
  └ java.text.Format
      └ java.text.DateFormat
          └ java.text.SimpleDateFormat
```

SimpleDateFormat 是一个以与语言环境相关的格式来格式化和解析日期的具体类。它允许进行格式化（日期→文本）、解析（文本→日期）和规范化。通过 applyPattern 方法修改格式模式，SimpleDateFormat 可以修改任何用户定义的日期-时间格式的模式。

SimpleDateFormat 类格式化时，必须首先定义出一个完整的日期转化模板，在模板中通过特定的日期标记将一个日期格式中的日期数字提取出来，表 5-6 列出了部分格式字符串样例及格式化的输出。其中样例的日期是 2013 年 4 月 8 日 14:00，操作系统的默认语言环境为中文。

表 5-6 格式化字符串与结果字符串对照表

序号	格式化字符串示例	结果字符串示例
1	缺省格式串：new SimpleDateFormat()	13-4-8 下午 14:00
2	yyyy/MM/dd	2013/04/08
3	yy/MM/dd	13/04/08
4	MM dd,yyyy	四月 08,2013
5	yyyy-MM-dd E	2013-04-08 星期一
6	HH:mm a	14:00 下午
7	yyyy 年 MM 月 dd 日（HH:mm）	2013 年 04 月 08 日（14:00）

日期格式化模板标记如表 5-7 所示。

表 5-7　日期格式化模板标记

序号	标记	描述
1	y	年，年份一般是 4 位数字，使用 yyyy 表示
2	M	年中的月份，月份是 2 位数字，使用 MM 表示
3	d	月中的天数，天数是 2 位数字，使用 dd 表示
4	H	一天中的小时数（24 小时），小时是 2 位数字，使用 HH 表示
5	m	小时中的分钟数，分钟是 2 位数字，使用 mm 表示
6	s	分钟中的秒数，秒是 2 位数字，使用 ss 表示
7	S	毫秒数，毫秒数是 3 位数字，使用 SSS 表示
8	a	标注 AM/PM，分别表示上、下午
9	E	星期几

　　SimpleDateFormat 类实现格式化需要借助于方法才可以完成，SimpleDateFormat 类常用的方法如表 5-8 所示。

表 5-8　SimpleDateFormat 类常用方法

序号	标记	描述
1	public SimpleDateFormat(String pattern)	构造方法，通过一个指定的模板构造对象
2	public Date parse(String source) throws ParseException	继承方法，将一个包含日期的字符串变为 Date 类型
3	public final String format(Date date)	继承方法，将一个 Date 格式化为日期/时间字符串

　　格式化日期操作示例如下。

```java
import java.text.SimpleDateFormat;
import java.util.Date;
public class SimpleDateFormatDemo {
    public static void main(String[] args) {
        DateTimeInfo d = new DateTimeInfo();
        System.out.println("系统日期：" + d.getDate());
        System.out.println("中文日期：" + d.getDateComplete());        }
}
class DateTimeInfo {
    // 声明 SimpleDateFormat 日期格式化对象
    private SimpleDateFormat sdf = null;
    public String getDate(){
        // 日期格式：yyyy-MM-dd HH:mm:ss.SSS
        this.sdf = new SimpleDateFormat("yyyy-MM-dd HH:mm:ss.SSS");
        return this.sdf.format(new Date());
    }
    public String getDateComplete(){
```

```
        // 日期格式：yyyy 年 MM 月 dd 日 HH 时 mm 分 ss 秒.SSS 毫秒
        this.sdf = new SimpleDateFormat("yyyy 年 MM 月 dd 日 HH 时 mm 分 ss 秒.SSS 毫秒");
        return this.sdf.format(new Date());
    }
}
```

5.4　DecimalFormat 类

数字的格式化可以使用 java.text.DecimalFormat 类来实现。该类的构造方法和日期的格式化类似，也是接收一个格式化字符串，并对数字进行相应的格式化。

DecimalFormat 类的格式化模板如表 5-9 所示。

表 5-9　DecimalFormat 类格式化模板

序号	标记符号	描述	格式字符串	格式化数字	格式化结果
1	0	阿拉伯数字	0.00	2650.749	2650.75
2	$	货币	$0.00	2650.749	$2650.75
3	¥	货币	¥0.00	2650.749	¥2650.75
4	%	百分比	0%	0.36	36%
5	,	分组	¥0,000.00	1332650.749	¥1,332,650.75

下面通过示例代码说明格式化模板的使用方法。

```
import java.text.DecimalFormat;
class FormatDemo {
    public void formatMethod(String pattern,double value){
        DecimalFormat df = new DecimalFormat(pattern);
        String str = df.format(value);
        System.out.println("使用<-" +pattern + "->格式化数字" +
value + ": " + str);
    }
}
public class DecimalFormatDemo {
    public static void main(String[] args) {
        FormatDemo demo = new FormatDemo();
        demo.formatMethod("0.00", 2650.749);
        demo.formatMethod("##0.00", 2650.749);
        demo.formatMethod("£¤0.00", 2650.749);
        demo.formatMethod("0.000.00", 1332650.749);
        demo.formatMethod("%0.00", 0.749);
    }
}
```

5.5　比较器接口

Java 中有两个常用的比较器接口：Comparable 和 Comparator。java.lang.Comparable 是在

类定义时默认实现好的接口，里面只有一个 compareTo()方法；java.util.Comparator 接口是需要
单独定义比较的规则来实现类，里面有两个方法：compare()和 equals()。下面将分别介绍。

5.5.1　Comparable 接口

Comparable 接口定义如下：

```
public interface Comparable<T>{
        public int compareTo(T o);
}
```

Comparable 接口使用了泛型技术，只有一个 compareTo()方法，返回值为 int 类型，若比
较结果大于 0 返回 1，小于 0 返回-1，等于 0 则返回 0。下面的示例实现教师职称排序，职称
相同按年龄排序，使用 Arrays 类的 sort()方法进行排序操作。

```
class Teacher implements Comparable<Teacher> {
    private String name ;
    private int age ;
    private String title ;    // 职称
    public Teacher(String name, int age, String title) {
        this.name = name;
        this.age = age;
        this.title = title;
    }
    // 覆写 compareTo()方法，实现排序规则的应用
    public int compareTo(Teacher tea) {
        // 使用了 String 类的 compareTo()方法
        if(this.title.compareTo(tea.title) < 0){
            return -1 ;
        }else if(this.title.compareTo(tea.title) > 0){
            return 1 ;
        }else{
            if(this.age > tea.age){
                return 1 ;
            }else if(this.age < tea.age){
                return -1 ;
            }else{
                return 0 ;
            }
        }
    }
    @Override
    public String toString() {
        return name + "\t" + this.age + "\t" + this.title ;
    }
}
public class ComparableDemo{
    public static void main(String args[]){
        Teacher tea[] = {new Teacher("李煜",30,"副教授"),
```

```
                          new Teacher("欧阳瑞",32,"副教授"),new Teacher("果然",26,"讲师"),
                          new Teacher("殷涛",40,"教授"),new Teacher("王萍",24,"讲师")
        };
                java.util.Arrays.sort(tea) ;            // 进行排序操作
                for(int i=0;i<tea.length;i++){          // 循环输出数组中的内容
                        System.out.println(tea[i]) ;
                }
        }
    }
```
程序运行结果如下：

对象数组排序的操作，常用比较器 Comparable 接口来实现。

5.5.2　Comparator 接口

java.util.Comparator 接口需要单独定义一个比较规则的实现类，接口定义如下：
```
    public interface Comparator<T>{
        public int compare(T o1,T o2)
        public boolean equals(Object obj)
    }
```
compare(T o1,T o2)方法接收两个待比较对象，其返回值依然是 1、-1、0，但此接口需要单独指定一个比较器的比较规则实现类才可以完成数组排序。下面程序是对已经实现的 teacher 类指定一个比较规则的实现类，完成对象数组的排序。
```
    class Teacher {
        private String name ;
        private int age ;
        public Teacher(String name,int age){
            this.name = name ;
            this.age = age ;
        }
        public String getName() {
            return name;
        }
        public void setName(String name) {
            this.name = name;
        }
        public int getAge() {
            return age;
```

```
        }
        public void setAge(int age) {
            this.age = age;
        }
        public boolean equals(Object obj) {
            if (this == obj) {
                return true;
            }
            if (!(obj instanceof Teacher)) {
                return false;
            }
            Teacher tea = (Teacher)obj;
            if (tea.name.equals(this.name)&&tea.age == this.age) {
                return true;
            } else {
                return false;
            }
        }
        public String toString() {
            return name + "   " + age;
        }
    }
    class TeacherComparator implements Comparator<Teacher>{
        public int compare(Teacher t0, Teacher t1) {
            if (t0.equals(t1)) {
                return 0;
            } else if (t0.getAge() < t1.getAge()) {
                return 1;
            } else {
                return -1;
            }
        }
    }
    public class ComparatorDemo{
        public static void main(String args[]){
            Teacher tea[] = {new Teacher("李煜",30),
                        new Teacher("果然",26),
                        new Teacher("殷涛",40)} ;
            // 指定排序规则
            java.util.Arrays.sort(tea,new TeacherComparator()) ;
            for(int i=0;i<tea.length;i++){     // 循环输出数组中的内容
                System.out.print(tea[i] + "\t") ;;
            }
        }
    }
```

程序运行结果如下：

殷涛 40 李煜 30 果然 26

本章小结

本章介绍了 Java 类库中几个常用类、接口的使用方法。通过对本章的学习，读者应掌握如何查看系统类库帮助信息（JDK API），查找每个类的使用方法，并利用系统提供的各种类库实现自己的程序功能，这是学好 Java 的关键点之一。

习　　题

5-1　简述 String 类和 StingBuffer 类的常用操作及区别。

5-2　简述 Object 类常用的三种方法。

5-3　简述常用日期操作类及格式化类的使用。

5-4　简述两种比较器接口的区别。

第 6 章　Java 集合框架

本章内容：Java 集合框架是 java.util 中的集合类，包含了常用的数据结构，方便开发者使用。本章从应用的角度讲解 Java 集合框架的常用类。

学习目标：

- 了解 Java 主要的集合类
- 掌握 Collection 接口的作用及主要操作方法
- 掌握 Collection 子接口 List、Set 的区别及常用子类
- 掌握 Map 接口的常用子类
- 掌握 SortedSet、SortedMap 接口的排序原理
- 掌握 Iterator 输出方法
- 了解 Collections 工具类的作用

6.1　集合框架概述

Java 集合框架即 Java Collections Framework（JCF），提供了处理一组标准且高效的解决方案。Java 集合框架包含了设计精巧的数据结构和算法，便于开发者将主要精力放在业务功能实现上，从而减少底层设计的时间。

Java 的集合框架在设计时大量使用了接口和抽象类，这使得集合框架具有良好的扩展性。接口、接口的实现和集合算法是 Java 集合框架主要的 3 个组成部分。Java 的类集框架中的接口、类由 java 的 java.util 包提供，常见的 Java 类集框架如图 6-1 所示。

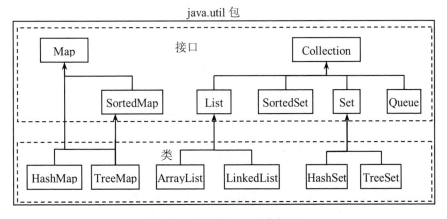

图 6-1　常见的 Java 类集框架

本章主要介绍 Java 集合框架中常用的接口和接口实现。在整个 Java 集合框架中最常用的类集接口的具体描述如表 6-1 所示。

表 6-1　Java 集合框架接口及描述

序号	接口	描述
1	Collection	最基本的单值集合接口，每个元素都是一个对象
2	List	有序的 Collection 接口，使用此接口能精确地控制每个元素插入的位置，可通过索引访问 List 中的元素，元素内容允许重复
3	Set	具有与 Collection 完全一样的接口，只是行为不同，不允许存放重复内容
4	Map	每个元素以 key-value 形式保存，最基本的键值对接口
5	Iterator	输出集合中内容的接口，只能从前到后单向顺序输出
6	ListIterator	Iterator 的子接口，可以由前到后或由后到前双向输出
7	Enumeration	传统的接口，用于输出指定集合中的内容，已被 Iterator 取代
8	SortedSet	单值排序接口，实现类的内容可以使用比较器排序
9	SortedMap	键值对的排序接口，实现类的内容按 key 使用比较器排序
10	Queue	队列接口，此接口的子类可以实现队列操作
11	Map.Entry	每个 Map 保存多个 Map.Entry 的内部接口实例

在 Java 中，集合类用来存放对象，在使用时通过实例化集合类得到集合对象，而集合对象则代表以某种方式组合到一起的一组对象，这组对象是通过引用集合对象来进行操作的。Java 集合相当于一个容器，里面"包含"着一组对象。Java 集合框架除了提供可变容量的"容器"特性外，还丰富了一些其他数据结构的实现，比如链表（LinkedList）、队列（Queue、DeQueue）和栈（Stack）等。从 Java 的集合框架图可知，Java 的集合主要包括 2 大类：

1. Collection

Collection 内包含着一组单独的元素，而根据元素存放规则又分为：

（1）List：以线性方式存储，元素存储有特定的顺序，元素可以重复；

（2）Set：集合内的元素不允许重复，Set 内元素是无序的。

2. Map

Map 是一组以 key/value（键/值对）构成的成对对象的集合，集合内的每个元素都包含两个对象，两个对象成对存在。这种存储模式类似于数据库中一条记录的存储，该记录包含主键（key 字段）和其他字段（组成 value 值），当要查询一条记录时，可以非常快速地根据主键值查询出该记录。从 Map 的 key 值（key 对象）查询出 value 值（value 对象）是 Map 的主要应用。key 对象在 Map 中不允许重复，可以理解为 key 对象的集合就是一个 Set。下面将介绍 Java 集合框架的接口及其常用子类的使用。

6.2　Collection 接口

Collection 接口是 List 接口和 Set 接口的父接口，通常情况下不被直接使用。

Collection 接口的声明如下：

```
public interface Collection<E> extends Iterable<E>
```

Collection 接口定义中使用了泛型，所以在操作时必须指定具体的操作类型，这样可以保证类集操作的安全性。

Collection 接口是整个 Java 集合框架中的基石，它定义了集合框架中一些通用的方法，通过这些方法可以实现对集合的操作，因为 Collection 是存放一组单值的最大父接口，所以这些方法对 List 集合和 Set 集合是通用的。在某种意义上可以把 Collection 看成动态的数组，或是一个对象的容器，通常把放入 Collection 中的对象称作元素。所谓的单值保存指的是每次操作只会保存一个对象，在 Collection 接口中定义了许多常用方法，如表 6-2 所示。

表 6-2　Collection 接口定义的方法及功能简介

序号	方法名称	功能简介
1	public boolean add(E obj)	将指定的对象添加到该集合中
2	public void clear()	删除该集合中的所有对象，清空该集合
3	public boolean contains(Object o)	查看在该集合中是否存在指定的对象
4	public boolean isEmpty()	判断该集合是否为空
5	public Iterator<E> iterator()	对 Iterator 接口实例化
6	public boolean remove(Object o)	将指定的对象从该集合中删除
7	public int size()	取得集合中对象的个数
8	public Object[] toArray()	将集合变为对象数组
9	public boolean equals(Object o)	比较当前 Collection 与指定对象是否相等

在 Collection 接口中一共定义了 15 个方法（见 JDK API），不过开发中很少直接使用 Collection，经常使用 Collection 的两个子接口：List 和 Set。

6.3　List 接口

List 接口的声明如下：
public interface List<E> extends Collection<E>
List 接口实现了 Collection 接口，所以 List 接口拥有 Collection 接口提供的所有常用方法。又因为 List 接口为列表类型，列表的主要特征是以线性方式存储对象，所以 List 接口还提供了一些适合自身的方法。List 接口主要增强的方法如表 6-3 所示。

表 6-3　List 接口主要增强的方法

序号	方法名称	功能简介
1	public void add(int index,Object e)	在指定位置 index 上添加元素 e
2	public Object get(int index)	返回列表中指定位置的元素
3	public int indexOf(Object o)	返回第一个出现元素 o 的位置，否则返回-1
4	public int lastIndexOf(Object o)	返回最后一个出现元素 o 的位置，否则返回-1
5	public ListIterator listIterator()	返回一个列表迭代器，用来访问列表中的元素
6	public Object remove(int index)	删除指定位置上的元素
7	public Object set(int index,Object e)	用元素 e 取代位置 index 上的元素，并且返回旧的元素

List 接口相对于 Collection 接口的增强功能主要体现在两点：

首先，因为 List 元素的有序性，所以每个元素都有 index 索引值，与该索引值 index 相关增加了一些方法：添加元素时，可以在指定位置添加元素；删除元素时也可以删除指定位置的元素；也可以指定索引值来取出元素。

其次，可以通过 List 取得 ListIterator 来访问 List，ListIterator 接口是 Iterator 接口的子类。Iterator 只能单向遍历，而 ListIterator 则可以双向遍历，另外，ListIterator 有增加元素的功能（Iterator 无此功能）。

通常用 List 接口或 Collection 接口来定义集合对象，然后将该对象指向一个 List 的实现集合类（ArrayList 和 LinkedList）来实例化，获取元素时采用 Iterator 接口。下面通过示例理解两个实现类（ArrayList 和 LinkedList）的使用方法。

6.3.1　ArrayList 类

ArrayList 类的存取方法与数组操作类似，按照 index 顺序来存取集合中的元素，采用通用的 Iterator 或 ListIterator 迭代器进行 ArrayList 遍历。

ArrayList 与数组的最大区别是 ArrayList 是动态数组，初始化 ArrayList 对象时，如果不指定初始容量，系统会有一个默认容量值。随着 ArrayList 元素数量的增多，实际存放的元素数量大小增长到初始的最大空间时，该集合容量会按照一定增长策略自动增长，可以继续向数组集合中添加元素。

ArrayList 是一个线性表，在内存中是顺序连续存储的，适合于元素的随机存取，常用的构造方法如下：

public ArrayList()：构造一个初始容量为 10 的空列表。

public ArrayList(int initialCapacity)：构造一个具有指定初始容量的空列表。

ArrayList 类的常用方法如表 6-4 所示。

表 6-4　ArrayList 类的常用方法

序号	方法名称	功能简介
1	public void add(int index,Object e)	在指定位置 index 上添加元素 e
2	public boolean addAll(int index，Collection c)	在指定位置增加一组元素
3	public E get(int index)	返回此列表中指定位置上的元素
4	public int indexOf(Object elem)	返回第一个出现元素 elem 的位置，否则返回-1
5	public int lastIndexOf(Object e)	返回最后一个出现元素 e 的位置，否则返回-1
6	public boolean isEmpty()	判断 ArrayList 是否为空
7	public Iterator iterator()	返回一个迭代器，访问 ArrayList 中的各个元素
8	public Object remove(int index)	删除指定位置上的元素
9	public E set(int index, E e)	用指定的元素 e 替代此列表中指定位置上的元素

示例代码如下：

```
import java.util.ArrayList;
```

```java
import java.util.Collection;
import java.util.Iterator;
import java.util.List;
import java.util.ListIterator;
public class ArrayListDemo01 {
    public static void main(String args[]) {
        // 1.利用 ArrayList 本身特性遍历
        System.out.println("第一种方法：list1");
        ArrayList list1 = new ArrayList();
        list1.add("a");          // 增加数据
        list1.add("b");          // 增加数据
        list1.add("c");          // 增加数据
        list1.add("d");          // 增加数据
        list1.remove("d");       // 删除数据
        for (int i = 0; i < list1.size(); i++) {
            System.out.print(list1.get(i));
        }
        System.out.println();
        // 2.利用 Iterator 遍历
        System.out.println("第二种方法：list2");
        Collection list2 = new ArrayList();
        list2.addAll(list1); // 增加一组数据
        // 按顺序返回在列表 list2 的元素上进行迭代的迭代器
        Iterator it = list2.iterator();
        while (it.hasNext()) {
            String s = (String)it.next();
            if (s.equals("b")) {
                it.remove();
            } else {
                System.out.print(s);
            }
        }
        System.out.println();
        // 3.利用 ListIterator 遍历
        System.out.println("第三种方法：list3");
        List list3 = new ArrayList();
        // 按顺序返回 list3 列表元素的列表迭代器
        ListIterator lit = list3.listIterator();
        if (!lit.hasNext()) {
            lit.add("a");
        }
        lit.previous();// 返回前一个元素
        System.out.print(lit.next());
    }
}
```

运行结果如下：

```
 Console ⊠    Problems  @ Javadoc  De
<terminated> ArrayListTest01 [Java Application] E:\J2EE
第一种方法：list
abc
第二种方法：list2
ac
第三种方法：list3
a
```

上述代码采用三种方法实例化 ArrayList 对象，第一种方法不通用，第二种方法最通用，第三种方法实现了双向遍历。下面的示例代码演示了 ArrayList 常用的操作方法。

```java
import java.util.ArrayList;
import java.util.Iterator;
public class ArrayListDemo02 {
public static void main(String[] args) {
        ArrayList list1 = new ArrayList();
        list1.add("One");
        list1.add("Two");
        list1.add("Three");
        list1.add(0, "Zero");
        System.out.println("<----list1 中共有" + list1.size() + "个元素>");
        System.out.println("<--list1 中的内容： " + list1 + "-->");
        ArrayList list2 = new ArrayList();
        list2.add("Begin");
        list2.addAll(list1);
        list2.add("End");
        System.out.println("<----list2 中共有" + list2.size() + "个元素>");
        System.out.println("<--list2 中的内容： " + list2 + "-->");
        ArrayList list3 = new ArrayList(list2);
        list3.removeAll(list1);
        System.out.println("<--list3 中是否存在 One： "
                + (list3.contains("one") ? "是" : "否") + "-->");
        list3.add(1, "same element");
        list3.add(2, "same element");
        System.out.println("<----list3 中共有" + list3.size() + "个元素>");
        System.out.println("<--list3 中的内容： " + list3 + "-->");
        System.out.println("<--list3 中第一次出现 same element 的索引是"
                + list3.indexOf("same element") + "-->");
        System.out.println("<--list3 中最后一次出现 same element 的索引是"
                + list3.lastIndexOf("same element") + "-->");
        System.out.println("<--使用 Iterator 接口访问 list3-->");
        Iterator it = list3.iterator();
        while (it.hasNext()) {
            String str = (String) it.next();
            System.out.println("<--list3 中的元素： "+str+"-->");
```

```
        }
        System.out.println("<--将 list3 中的 same element  修改为
            another element-->");
        list3.set(1, "another element");
        list3.set(2, "another element");
        System.out.println("<--将 list3 转为数组-->");
        Object[] array = list3.toArray();
        for (int i = 0; i < array.length; i++) {
            String str = (String) array[i];
            System.out.println("array[" + i + "]=" + str);
        }
        System.out.println("<--清空 list3-->");
        list3.clear();
        System.out.println("<--list3 中是否为空：" + (list3.isEmpty()
            ? "是" : "否")     + "-->");
        System.out.println("<----list3 中共有" + list3.size() +
            "个元素>");
    }
}
```

6.3.2　LinkedList 类

LinkedList 类是功能最强大、使用最广泛的 Java 集合实现类。LinkedList 表示的是一个链表的操作类，开发者可以直接使用，无需再重新开发。最主要的功能是在 List 的头部和尾部添加、删除、取得元素。LinkedList 类的构造方法包括：

public LinkedList()：构造一个空列表。

public LinkedList(Collection c)：构造一个包含指定 Collection 中的元素的列表，这些元素按其 Collection 的迭代器返回的顺序排列。常用方法如表 6-5 所示。

表 6-5　LinkedList 的类常用方法

序号	方法名称	功能简介
1	public void addFirst(Object o)	将对象 o 添加到 LinkedList 的头部
2	public void addLast(Object o)	将对象 o 添加到 LinkedList 的尾部
3	public Object getFirst()	返回列表头部的元素
4	public Object getLast()	返回列表尾部的元素
5	public Object removeFirst()	删除并且返回 LinkedList 中的第一个元素
6	public Object removeLast()	删除并且返回 LinkedList 中的最后一个元素

下面的示例代码演示了 LinkedList 的常用操作方法。

```java
import java.util.LinkedList;
import java.util.ListIterator;
public class LinkedListDemo {
    public static void main(String[] args) {
```

```
                    LinkedList list = new LinkedList();
                    list.add("One");
                    list.add("Two");
                    list.add("Three");
                    System.out.println("<--list 中共有" + list.size() + "个元素-->");
                    System.out.println("<--list 中的内容：" + list + "-->");
                    String first = (String) list.getFirst();
                    String last = (String) list.getLast();
                    System.out.println("<--list 的第一个元素是" + first + "-->");
                    System.out.println("<--list 的最后一个元素是" + last + "-->");
                    list.addFirst("Begin");
                    list.addLast("End");
                    System.out.println("<--list 中共有" + list.size() + "个元素-->");
                    System.out.println("<--list 中的内容：" + list + "-->");
                    System.out.println("<--使用 ListIterator 接口操作 ist-->");
                    ListIterator lit = list.listIterator();
                    System.out.println("<--下一个索引是" + lit.nextIndex() + "-->");
                    lit.next();
                    lit.add("Zero");
                    lit.previous();
                    lit.previous();
                    System.out.println("<--上一个索引是" + lit.previousIndex() + "-->");
                    lit.set("Start");
                    System.out.println("<--list 中的内容：" + list + "-->");
                    System.out.println("<--删除 list 中的 Zero-->");
                    lit.next();
                    lit.next();
                    lit.remove();
                    System.out.println("<--list 中的内容：" + list + "-->");
                    System.out.println("<--删除 list 中第一个和最后一个元素-->");
                    list.removeFirst();
                    list.removeLast();
                    System.out.println("<--list 中共有" + list.size() +"个元素-->");
                    System.out.println("<--list 中的内容：" + list + "-->");
            }
        }
```

6.3.3 Queue 接口

Queue 表示的是队列操作接口，采用先进先出（First Input First Output，FIFO）的方式操作，就好像有一队人排队，队列中有队头和队尾，队头永远指向新插入的对象。

Queue 接口是 Collection 接口的子接口，其定义格式如下：

```
            public interface Queue<E> extends Collection<E>
```

Queue 队列的特性是"先进先出（FIFO）"，也就是元素从队列的一端输入，然后从另一端取出使用，元素插入的顺序就是取出的顺序。队列最基本的操作方法就是插入元素和取出元素，当然取出元素前需要判断队列是否为空。Queue 接口常用的方法如表 6-6 所示。

表 6-6　Queue 接口常用方法

序号	方法名称	功能简介
1	public boolean add(E e)	将指定的元素插入此队列，如果队列已满，则抛出异常
2	public boolean offer(E e)	将指定的元素插入此队列，如果队列已满，则返回 false
3	public E remove()	获取并移除此队列的头部的元素
4	public E poll()	获取并移除此队列的头部的元素
5	public E element()	获取队列头部元素
6	public E peek()	删除并且返回 LinkedList 中的最后一个元素

下面使用 LinkedList 来设计一个测试队列，该队列以后完全可以作为自己的类库使用，代码如下：

```
import java.util.LinkedList;
public class QueueDemo {
    private LinkedList list = new LinkedList();
    public void put(Object o){
        list.addFirst(o);
    }
    public Object get(){
        return list.removeLast();
    }
    public boolean isEmpty(){
        return list.isEmpty();
    }
    public static void main(String[] args) {
        QueueDemo queue = new QueueDemo();
        queue.put("ab");
        queue.put("bc");
        queue.put("cd");
        while (!queue.isEmpty()) {
            System.out.println(queue.get());
        }
    }
}
```

6.3.4　Stack 类

栈（Stack）采用先进后出（First Input Last Output，FILO）的存储方式，每一个栈都包含一个栈顶，每次入栈和出栈都在栈顶进行。

Stack 类常用的方法如表 6-7 所示。

表 6-7　Stack 类的常用方法

序号	方法名称	功能简介
1	public E push(E item)	入栈
2	public E pop()	出栈，同时删除
3	public E peek()	获取栈顶对象，但不删除
4	public boolean empty()	测试栈是否为空
5	public int search(Object o)	在栈中查找指定对象

下面完成入栈及出栈操作的程序，代码如下：

```
import java.util.Stack;
public class StackDemo {
    public static void main(String[] args) {
        Stack<String> s = new Stack<String>();
        s.push("A");
        s.push("B");
        s.push("C");
        System.out.println(s.pop());
        System.out.println(s.pop());
        System.out.println(s.pop());
        // 栈为空，出栈时最好进行是否为空的判断 empty()
        System.out.println(s.pop());
    }
}
```

6.4　Set 接口

Set 接口继承自 Collection 接口，自身并没有引入新的方法，每个具体的 Set 实现类依赖于添加的对象的 equals()方法来检查唯一性。Set 接口的特性在于集合元素是无序的，即元素插入的顺序跟集合内存储的顺序不同。Set 接口有两个常用的实现类：HashSet 类和 TreeSet 类，这两个集合中容纳的对象不允许重复。

6.4.1　HashSet 类

由 HashSet 类实现的 Set 集合按照哈希码排序，即散列的方式存储。HashSet 是 Set 接口实现类中最常用的一个，它的优点是能够快速定位集合中的元素。可通过下面示例代码来理解 HashSet 类的使用方法。

```
import java.util.HashSet;
public class HashSetDemo01 {
    public static void main(String[] args) {
        HashSet hashSet1 = new HashSet();
        hashSet1.add("One");
        hashSet1.add("Two");
```

```
                hashSet1.add("Three");
                hashSet1.add("Zero");
                hashSet1.add("One");
                System.out.println("hashSet1 中的内容: " + hashSet1);
                HashSet hashSet2 = new HashSet();
                hashSet2.add("Zero");
                hashSet2.add("Four");
                System.out.println("hashSet2 中的内容: " + hashSet2);
                System.out.println("从 hashSet1 中删除 hashSet2 中包含的元素");
                hashSet1.removeAll(hashSet2);
                System.out.println("hashSet1 中的内容: " + hashSet1);
                System.out.println("hashSet1 中是否存在 One: "
                        + (hashSet1.contains("One") ? "是" : "否"));
                System.out.println("清空 hashSet1");
                hashSet1.clear();
                System.out.println("hashSet1 中是否为空: " +
        (hashSet1.isEmpty() ? "是" : "否"));
                System.out.println("hashSet1 中共有" + hashSet1.size() + "个元素");
        }
    }
```

程序运行结果如下：

从程序运行结果发现，对于重复元素只会增加一次，因为 HashSet 集合中的对象是不能重复的、无序的，而且遍历集合输出对象的顺序与向集合插入对象的顺序并不相同。下面的示例中 HashSet 集合内的对象是引用，请读者认真分析结果。

```
        import java.util.HashSet;
        import java.util.Iterator;
        import java.util.Set;
        class Student{
            private String name ;
            private int age ;
            public Student(String name, int age) {
                super();
                this.name = name;
                this.age = age;
            }
```

```java
        public String getName() {
            return name;
        }
        public void setName(String name) {
            this.name = name;
        }
        public int getAge() {
            return age;
        }
        public void setAge(int age) {
            this.age = age;
        }
}
public class HashSetDemo02 {
    public static void main(String[] args) {
        Set<Student> hashSet1 = new HashSet<Student>() ;
        hashSet1.add(new Student("郭靖",20));
        hashSet1.add(new Student("黄蓉",18));
        hashSet1.add(new Student("洪七公",39));
        Set<Student> hashSet2 = new HashSet<Student>() ;
        hashSet2.addAll(hashSet1) ;
        hashSet2.add(new Student("黄蓉",18));
        hashSet2.add(new Student("黄老邪",39));
        Iterator<Student> it1 = hashSet1.iterator();
        System.out.println("输出对象 hashSet1");
        while (it1.hasNext()) {
            Student stu = (Student) it1.next();
            System.out.println(stu.getName() + ":" + stu.getAge());
        }
        Iterator<Student> it2 = hashSet2.iterator();
        System.out.println("输出对象 hashSet2");
        while (it2.hasNext()) {
            Student stu = (Student) it2.next();
            System.out.println(stu.getName() + ":" + stu.getAge());
        }
    }
}
```

程序运行结果如下：
输出对象 hashSet1
黄蓉:18
郭靖:20
洪七公:39
输出对象 hashSet2
郭靖:20
黄蓉:18
洪七公:39

黄老邪:39

黄蓉:18

从程序的运行结果发现，输出对象 hashSet2 中的"黄蓉:18"的内容重复了，也就是说程序并没有像 Set 接口规定的那样不允许有重复元素，而如果想要去掉重复元素，则必须先进行对象是否重复的判断，而要进行这样的判断则此类就必须覆写 Object 类中的 equals()方法，才能完成对象是否相等的判断，但是，只覆写 equals()方法是不够的，还需要覆写 hashCode()方法，此方法表示一个哈希编码，可以简单理解为表示一个对象的编码。一般的哈希码是通过公式进行计算的，可以将类中的全部属性进行适当的计算，以求出一个不会重复的哈希码。常用代码如下：

```java
import java.util.HashSet;
import java.util.Iterator;
import java.util.Set;
class Student{
    private String name ;
    private int age ;
    public Student(String name, int age) {
        this.name = name;
        this.age = age;
    }
    @Override // 覆写 equals()方法
    public boolean equals(Object obj) {
      if (this == obj)
          return true;
      if (obj == null)
          return false;
      if (getClass() != obj.getClass())
          return false;
      Student other = (Student) obj;
      if (age != other.age)
          return false;
      if (name == null) {
          if (other.name != null)
              return false;
      } else if (!name.equals(other.name))
          return false;
      return true;
    }
    @Override // 覆写 hashCode()方法
    public int hashCode() {
      final int prime = 31;
      int result = 1;
      result = prime * result + age;
      result = prime * result + ((name == null) ? 0 :
          name.hashCode());
      return result;
```

```
        }
        @Override // 覆写 toString()方法
        public String toString() {
            return "姓名: " + this.name + ", 年龄: " + this.age + "\n" ;
        }
    }
    public class HashSetDemo03 {
        public static void main(String[] args) {
            Set<Student> hashSet = new HashSet<Student>() ;
            hashSet.add(new Student("郭靖",20));
            hashSet.add(new Student("黄蓉",18));
            hashSet.add(new Student("洪七公",39));
            hashSet.add(new Student("黄蓉",18));
            hashSet.add(new Student("黄老邪",39));
            System.out.println(hashSet);
        }
    }
```

程序的运行结果如下:

```
[姓名: 郭靖, 年龄: 20
, 姓名: 黄老邪, 年龄: 39
, 姓名: 黄蓉, 年龄: 18
, 姓名: 洪七公, 年龄: 39
]
```

从输出结果可以发现,集合中的重复内容消失了,这是使用了 equals()方法和 hashCode() 方法的结果。

注意: 所有的重复元素的判断均依赖于 Object 类的两个方法: hash 码方法 hashCode()和 对象比较方法 equals(),只有排序的时候才依靠 Comparable 接口,如下面的 TreeSet 类。

6.4.2 TreeSet 类

TreeSet 集合元素虽然插入对象的顺序跟实际存储的顺序不同,但存储是按照排序存储的。 如果开发时需要对输入的数据进行有序排列,则使用 TreeSet 类。下面通过示例代码来理解 TreeSet 类的使用方法。

```
    import java.util.Set;
    import java.util.TreeSet;
    public class TreeSetDemo01 {
        public static void main(String[] args) throws Exception {
            Set<String> all = new TreeSet<String>() ;
            all.add("D") ;
            all.add("A") ;
            all.add("B") ;
            all.add("B") ;
            all.add("C") ;
            System.out.println(all);
        }
    }
```

程序运行结果如下：

　　[A, B, C, D]

　　从程序运行结果发现，程序在向集合中插入数据时是没有顺序的，但是输出时数据是有序的，可见 TreeSet 类是可以排序的类。TreeSet 集合中的对象是引用类型时必须实现 Comparable 接口才可以正常使用。示例代码如下：

```java
import java.util.Set;
import java.util.TreeSet;
class Student implements Comparable<Student> {
    private String name ;
    private int age ;
    public Student(String name,int age) {
        this.name = name ;
        this.age = age ;
    }
    public String toString() {
        return "姓名：" + this.name + "，年龄：" + this.age + "\n" ;
    }
    // 指定排序规则：按年龄排序
    public int compareTo(Student o) {
        if (this.age > o.age) {
            return 1 ;
        } else if (this.age < o.age) {
            return -1 ;
        } else {
            return this.name.compareTo(o.name);
        }
    }
}
public class TreeSetDemo01 {
    public static void main(String[] args) throws Exception {
        Set<Student> all = new TreeSet<Student>() ;
        all.add(new Student("郭靖",20)) ;
        all.add(new Student("黄蓉",18)) ;
        all.add(new Student("洪七公",39)) ;
        all.add(new Student("黄蓉",18)) ;     // 全部重复
        all.add(new Student("黄老邪",39)) ;  // 年龄重复
        System.out.println(all);
    }
}
```

程序运行结果如下：

　　[姓名：黄蓉，年龄：18

　　，姓名：郭靖，年龄：20

　　，姓名：洪七公，年龄：39

　　，姓名：黄老邪，年龄：39

　　]

6.4.3 SortedSet 接口

TreeSet 类不仅实现了 Set 接口，还实现了 java.util.SortedSet 接口，从而保证在遍历集合时按照递增的顺序获得对象。SortedSet 接口主要用于排序操作，即实现此接口的子类都属于排序的子类。SortedSet 接口定义如下：

public interface SortedSet<E> extends Set<E>

SortedSet 接口也继承了 Set 接口，常用方法如表 6-8 所示。

表 6-8　SortedSet 接口中常用的方法

序号	方法名称	功能简介
1	public Comparator<? super E> comparator()	返回与排序有关的比较器
2	public SortedSet<E> subSet(E fromElement, E toElement)	返回指定对象间的元素
3	public SortedSet<E> headSet(E toElement)	返回从开始到指定元素的集合
4	public SortedSet<E> tailSet(E fromElement)	返回从指定元素到最后元素的集合
5	public E first()	返回集合中的第一个元素
6	public E last()	返回最后一个元素

```java
import java.util.SortedSet;
import java.util.TreeSet;
public class SortedSetDemo {
public static void main(String[] args) {
        // 为 SortedSet 实例化
        SortedSet<String> sSet = new TreeSet<String>();
        sSet.add("A");          // 增加元素
        sSet.add("B");          // 增加元素
        sSet.add("C");          // 增加元素
        sSet.add("C");          // 重复元素，不能添加
        sSet.add("D");          // 增加元素
        sSet.add("C");          // 重复元素，不能添加
        sSet.add("E");          // 增加元素
        System.out.println("第一个元素：" + sSet.first());
        System.out.println("最后一个元素：" + sSet.last());
        System.out.println("headSet 元素：" + sSet.headSet("C"));
        System.out.println("tailSet 元素：" + sSet.tailSet("C"));
        System.out.println("subSet 元素：" + sSet.subSet("B","E"));
    }
}
```

程序运行结果如下：

```
Console ⊠    Problems  @ Javadoc  De
<terminated> SortedSetDemo [Java Application] E:\J2EE
第一个元素：A
最后一个元素：E
headSet元素：[A, B]
tailSet元素：[C, D, E]
subSet 元素：[B, C, D]
```

6.5　集合的输出

Collection 集合和 Set 集合中内容的输出可以将其转换为对象数组输出，而使用 List 则可以直接通过 get()方法输出，但是这些都不是集合的标准输出方式。在 Java 集合框架中提供了如下 2 种常用的输出方式。

Iterator：迭代输出，是使用最多的输出方式。

ListIterator：是 Iterator 的子接口，专门用于输出 List 中的内容。

集合的输出最标准的方法就是使用 Iterator 接口或 ListIterator 接口。

6.5.1　Iterator 接口

Iterator 是专门的迭代输出接口，所谓的迭代输出就是将元素一个个进行判断，判断是否有内容，如果有内容则把内容取出。Iterator 接口的定义如下：

　　public interface Iterator<E>

Iterator 接口方法如表 6-9 所示。

表 6-9　Iterator 接口方法

序号	方法名称	功能简介
1	public Boolean hasNext()	判断是否有下一个值
2	public E next()	取出当前元素
3	public void remove()	移除当前元素

取得 Iterator 接口的实例化对象的操作在 Collection 接口已经明确定义 iterator()方法，可直接使用 Collection 接口的 iterator()方法取得 Iterator 接口的实例化对象。既然 Collection 接口存在了此 iterator()方法，则 List 和 Set 子接口中也可以使用 Iterator 接口输出。

示例代码如下：

```java
import java.util.ArrayList;
import java.util.Iterator;
import java.util.List;
public class IteratorDemo {
    public static void main(String[] args) throws Exception {
        List<String> all = new ArrayList<String>();
        all.add("JAVA");
        all.add("JAVA");                    // 内容重复了
```

```
      all.add("GOOD");
      Iterator<String> iter = all.iterator();
      while (iter.hasNext()) {              // 判断是否有下一个元素
        String str = iter.next() ;          // 取出当前元素
        System.out.print(str + "、");
      }
    }
  }
```

6.5.2 ListIterator 接口

ListIteraror 接口是 Iterator 接口的子接口，两者不同之处在于：

（1）Iterator 接口是由前向后单向输出，ListIteraror 接口是双向输出。

（2）ListIteraror 只能通过 List 接口实例化。

ListIterator 接口的声明如下：

```
      public interface ListIterator extends Iterator
```

ListIteraror 接口常用的方法如表 6-10 所示。

表 6-10 ListIterator 接口常用方法

序号	法名称	功能简介
1	public Boolean hasNext()	判断是否有下一个值
2	public E next()	取出当前元素
3	public void remove()	移除当前元素
4	public boolean hasPrevious()	判断是否有前一个元素
5	public E previous()	取出前一个元素

要取得 ListIterator 接口的实例化对象，Collection 没有这样的方法支持，这个方法在 List 接口中存在：public ListIterator<E> listIterator()。所以，此接口只在 List 中使用，执行双向迭代的示例代码如下：

```
      import java.util.ArrayList;
      import java.util.List;
      import java.util.ListIterator;
      public class ListIteratorDemo {
        public static void main(String[] args) throws Exception {
          List<String> all = new ArrayList<String>();
          all.add("JAVA");
          all.add("JAVA");                   // 内容重复了
          all.add("GOOD");
          ListIterator<String> iter = all.listIterator();
          System.out.print("由前向后输出：");
          while (iter.hasNext()) {           // 判断是否有下一个元素
            String str = iter.next() ;       // 取出当前元素
            System.out.print(str + "、");
          }
```

```
System.out.print("\n 由后向前输出：");
while (iter.hasPrevious()) {          // 判断是否有前一个元素
    String str = iter.previous() ;    // 取出前一个元素
    System.out.print(str + "、");
        }
    }
}
```

6.6　Map

前面讲解的 Collection、Set 和 List 接口都属于单值的操作，即每次只能操作一个对象，而 Map 接口与它们不同的是，每次操作的是一对对象，Map 接口中的每个元素都使用"key-value"的形式存储在集合中。

Map 接口的声明如下：

```
public interface Map<k,v>
```

在 Map 接口上使用了泛型，必须同时设置好 key 或 value 的类型，在 Map 中每一对"key-value"都表示一个完整的内容。

Map 接口不继承 Collection 接口，可以把 Map 看作是用于存储关键字/值对映射的容器。与 Set 接口相似，一个 Map 容器的关键字对象不允许重复，只有保证了关键字对象的唯一性才能完成根据关键字对象获取值对象的功能。Map 接口的方法如表 6-11 所示。

表 6-11　Map 接口中定义的方法

序号	方法名称	功能简介
1	public void clear()	清空 Map 集合
2	public boolean containsKey(Object key)	判断指定的 key 是否存在
3	public boolean containsValue(Object value)	判断指定的 value 是否存在
4	public Set entrySet()	将 Map 对象变为 Set 集合
5	public boolean equals(Object o)	对象比较
6	public Object get(Object key)	根据 key 值取得 value 值
7	public int hashCode()	返回哈希码
8	public boolean isEmpty()	判断集合是否为空
9	public Set keySet()	取得所有的 key
10	public Object put(K key,V value)	向集合中加入元素
11	public void putAll(Map t)	将 t 加入到 Map 中
12	public Object remove(Object key)	根据 key 删除 value
13	public int size()	取出集合的长度
14	public Collection values()	取出全部的 value

Map 的适用范围与前面讲解的接口和类不同，下面通过具体的应用场景来分析如何选择

不同的集合类型。比如想从班级中选择一个学生对象,班级中按学生报到的先后顺序生成学号,学号是主键,具有唯一性,学生还有姓名等信息,选择的思路可能有以下几种:

每次都取出班级最后来到的学生——这是栈 Stack;

每次都取出班级最先来到的学生——这是队列 Queue;

按照学生学号来查找学生——这是 List,如果学生的学号是连续的,则是 ArrayList,如果每个学生都是通过其他学生关联查询出来的(比如按座位次序),则是 LinkedList;

如果班级内不允许重名的学生存在——这是 Set;

如果想通过学生的姓名查询出该学生来——这就是 Map。

Map 内存储的是键/值(key/value)这样成对的对象组(一组对象是一个元素),通过"键(key)"对象来查询"值(value)"对象,类似于数据库中表的查询。

Map 常用的实现类有 HashMap 和 TreeMap,HashMap 通过哈希码对其内部的映射关系进行快速查找,而 TreeMap 中的映射关系存在一定的顺序,如果希望在遍历集合时是有序的,则应该使用由 TreeMap 类实现 Map 集合,否则建议使用由 HashMap 类实现的 Map 集合,因为由 HashMap 类实现的 Map 集合对于添加和删除映射关系操作更高效。

6.6.1 HashMap 类

HashMap 是 Map 接口的重要实现类,在 Java 程序设计中经常用到。HashMap 也采用 Hash 算法,所以可以快速定位关键字对象。

HashMap 类的声明如下:

```
public class HashMap<k,v>
        extends AbstractMap<k,v>
        implements Map<k,v>, Cloneable, Serializable
```

HashMap 类的主要方法如表 6-12 所示。

表 6-12　HashMap 类的常用方法

序号	方法名称	功能简介
1	public V put(K key, V value)	向集合之中插入数据
2	public V get(Object key)	通过指定的 key 取得对应的 value
3	public Set<K> keySet()	将 Map 中的所有 key 以 Set 集合的方式返回
4	public Set<Map.Entry<K,V>> entrySet()	将 Map 集合变为 Set 集合

应用示例:

```
import java.util.HashMap;
import java.util.Map;
public class HashMapDemo01 {
    public static void main(String[] args) {
        Map<Integer, String> map = new HashMap<Integer, String>();
        map.put(3, "郭靖");
        map.put(null, "无名");          // 允许 key 为空值
        map.put(3, "杨康");            // key 重复,value 被新内容覆盖
        map.put(1, null);              // value 为空值
```

```
        map.put(0, "洪七公");
        System.out.println(map.get(3));        // 取出指定的键对象
        System.out.println(map.get(null));
        System.out.println(map.get(1));
        if (map.containsKey(0)) {              // 查找指定的 key 是否存在
                System.out.println("key 存在：" + map.get(0));
        } else {
                System.out.println("key 不存在：");
        }
        if (map.containsValue("郭靖")) {//  查找指定的 value 是否存在
                System.out.println("郭靖在");
        } else {
                System.out.println("郭靖不在");
        }
    }
}
```

运行结果如下：

```
Console ⊠    Problems  @ Javado
<terminated> HashMapDemo01 [Java Applicati
杨康
无名
null
key存在：洪七公
郭靖不在
```

　　Map 集合在运行时，键、值对象可以为 null，没有个数限制，所以当 get()方法的返回值为 null 时，可能有两种情况，一种是没有该键对象，另一种是该键对象没有映射任何值对象，即值对象为 null。因此，在 Map 集合中不应该利用 get()方法来判断是否存在某个键，而应该利用 containsKey()方法来判断。

　　下面的示例代码是分别输出全部的 key 和 value。

```
    import java.util.*;
    public class HashMapDemo02 {
        public static void main(String[] args) {
            Map<String, String> map = new HashMap<String, String>();
            map.put("1", "January");
            map.put("3", "March");
            map.put("5", "May");
            map.put("7", "July");
            map.put("8", "August");
            map.put("10", "October");
            map.put("12", "December");
            System.out.println("map 中的关键字有：");
            Set keys = map.keySet();
            Iterator kit = keys.iterator();
            while (kit.hasNext()) {
                String key = (String) kit.next();
                System.out.println("键：" + key);
```

```
    }
    System.out.println("map 中的值有： ");
    Collection values = map.values();
    Iterator vit = values.iterator();
    while (vit.hasNext()) {
        String value = (String) vit.next();
        System.out.println("值： " + value);
    }
    }
}
```

运行这段程序代码的结果如下：

map 中的关键字有：	map 中的值有：
键：3	值：March
键：10	值：October
键：1	值：January
键：7	值：July
键：5	值：May
键：8	值：August
键：12	值：December

从运行结果可知，Map 集合元素在遍历时是无序的，key 不允许重复。另外，对 Map 接口来说，并没有提供像 Collection 接口那样的 iterator()方法，因此，不能直接使用迭代（Iterator、ListIterator、foreach）进行输出，如果要使用迭代输出，需要根据 Map 接口中提供的 keySet()方法，把 Map 接口中的全部 key 变成一个 Set 集合，一旦有了 Set 接口实例，就可以直接使用接口进行输出。要输出全部的 value，则使用 values()方法，此方法的返回类型是 Collection，也可以使用 Iterator 接口进行输出。但是，如果要输出 Map 接口中的全部数据，就必须使用 Map.Entry 接口。

6.6.2　Map.Entry 接口

Map.Entry 接口是 Map 内部定义的一个接口，专门用来保存 key-value 的内容。
Map.Entry 接口的声明如下：

```
public static interface Map.Entry<K,V>
```

如果说 Map 接口是一个用于存储关键字/值对映射的容器，那么 Map.Entry 接口则用于描述存储在 Map 容器中的一个关键字/值对映射。Map.Entry 接口的常用方法如表 6-13 所示。

表 6-13　Map.Entry 接口常用方法

序号	方法名称	功能简介
1	public boolean equals(Object o)	对象比较
2	public K getKey()	取得 key
3	public V getValue()	取得 value 的值
4	public V setValue(Object value)	设置 value 的值
5	public int hashCode()	返回哈希码

　　在 Map 接口操作中，所有的内容都是通过"key-value"的形式保存数据的，对于集合来讲，实际上是将"key-value"的数据保存在了 Map.Entry 接口的实例之后，再在 Map 集合中插入一个 Map.Entry 的实例化对象，所以要全部输出数据必须使用 Map.Entry 接口。示例代码如下：

```
import java.util.HashMap;
import java.util.Iterator;
import java.util.Map;
import java.util.Set;
public class MapEntryDemo {
    public static void main(String[] args) {
        Map<String, String> map = new HashMap<String, String>();
        map.put("1", "January");
        map.put("3", "March");
        map.put("5", "May");
        map.put("7", "July");
        map.put("8", "August");
        map.put("10", "October");
        map.put("12", "December");
        System.out.println("map 中的映射为： ");
        Set set = map.entrySet();
        Iterator it = set.iterator();
        while (it.hasNext()) {
            Map.Entry me = (Map.Entry) it.next();
            System.out.println("["+ me.getKey() + "," + me.getValue()+ "]");
        }
    }
}
```

程序运行结果如下：

```
Console ☒    Problems  @ Javadoc
<terminated> MapEntryDemo [Java Application]
map中的映射为:
[3,March]
[10,October]
[1,January]
[7,July]
[5,May]
[8,August]
[12,December]
```

Map 集合和 Collection 集合的不同之处在于：

（1）集合对象保存上的不同：

Collection 直接保存的是要操作的对象，而 Map 集合是将保存的 key 和 value 变成了一个 Map.Entry 对象，通过这个对象包装了 key 和 value 后保存的，因此，Map 使用 Iterator 输出的操作步骤如下：

① 使用 Map 接口中的 entrySet()方法，将 Map 集合变为 Set 集合；

② 取得了 Set 接口实例之后就可以利用 iterator()方法取得 Iterator 的实例化对象；

③ 使用 Iterator 迭代找到每一个 Map.Entry 对象，并进行 key 和 value 的分离。

（2）操作上的不同：

① Collection 接口设置完内容的目的是为了输出；

② Map 接口设置完内容的目的是为了查找。

6.6.3　TreeMap 类

TreeMap 类是 Map 类的排序子类，实现了 Map 接口的子接口 java.util.SortedMap 的方法，SortedMap 接口前面已经讲解过，在此不再赘述。由 TreeMap 类实现的 Map 集合，不允许键对象为 null，因为集合中的映射关系是根据键对象按照一定顺序排列的。

下面的示例代码演示了 TreeMap 类的使用方法。

```java
import java.util.Iterator;
import java.util.Map;
import java.util.Set;
import java.util.TreeMap;
public class TreeMapDemo {
    public static void main(String[] args) {
        Map<Integer, String> map = new TreeMap<Integer, String>();
        map.put(3, "郭靖");
        map.put(null, "无名");        // key 空指针异常
        map.put(3, "杨康");           // key 重复，value 被新内容覆盖
        map.put(1, null);            // value 空值
        map.put(0, "洪七公");
        map.put(2, "洪七公");
        Set<Integer> keys = map.keySet();
        Iterator it = keys.iterator();
        while (it.hasNext()) {
            Integer key = (Integer)it.next() ;
            System.out.println(key + " --> " + map.get(key));
        }
    }
}
```

TreeMap 类与 HashMap 类的比较分析：在添加、删除和定位映射关系上，TreeMap 类要比 HashMap 类的性能差一些，但其中的映射关系具有一定的顺序，如果不需要一个有序的集合，建议使用 HashMap 类；如果需要进行有序的遍历输出，建议使用 TreeMap 类。这种情况下，可以先使用由 HashMap 类实现的 Map 集合，在需要输出时，再利用现有的 HashMap 类的实例，创建一个具有完全相同映射关系的 TreeMap 类型的实例。

6.7　Collections 类

Collection 是一个接口，用于定义集合操作的标准；Collections 是专门提供的一个集合操

作的工具类，可以操作任意集合对象。Collections 并没有实现 Collection 接口，但是在这个类之中，有许多的操作方法，可以方便地进行集合的操作。操作方法可参考 JDK 帮助文档，下面的示例代码演示了 Collections 类常用的方法。

```java
import java.util.ArrayList;
import java.util.Collections;
import java.util.Iterator;
import java.util.List;
public class CollectionsDemo {
    public static void main(String[] args) {
        List<String> list = new ArrayList<String>();
        // 通过 Collections 添加内容
        Collections.addAll(list,"www.", "zknu.","cn.");
        Iterator<String> it = list.iterator();
        System.out.print("输出内容：");
        while (it.hasNext()) {
            System.out.print(it.next());
        }
        System.out.print("\n 反转集合内容后：");
        Collections.reverse(list);          // 内容反转保存
        Iterator<String> iter = list.iterator();
        while (iter.hasNext()) {
            System.out.print(iter.next());
        }
        System.out.println("\n 内容检索的 2 个不同结果：");
        int location = Collections.binarySearch(list, "zknu.");
        System.out.print("检索到的结果：" + location);
        int location1 = Collections.binarySearch(list, "sam.");
        System.out.print("　检索不到的结果：" + location1 + "\n");
        if (Collections.replaceAll(list, "www.", "gzlgl.")) {
            System.out.print("内容替换成功后的结果：");
        }
        Iterator<String> iter1 = list.iterator();
        while (iter1.hasNext()) {
            System.out.print(iter1.next());
        }
        System.out.print("\n 集合排序：");
        Collections.sort(list);             // 集合排序
        Iterator<String> iter2 = list.iterator();
        while (iter2.hasNext()) {
            System.out.print(iter2.next());
        }
    }
}
```

程序运行结果如下：

6.8 集合运用

在本章的最后，将综合运用前面所介绍的知识给出一个完整的示例。

该示例综合运用 Collection、Set、Map、Map.Entry 和 Iterator 接口，以及 ArrayList 和 HashMap 类，实现了简单的按取模的值分组并打印显示的功能。示例代码如下：

```java
import java.util.*;
public class Integration {
    public static Map grouping(int[] data, int mod) {
        Map map = new HashMap();
        for (int i = 0; i < data.length; i++) {
            Integer key = new Integer(data[i] % mod);
            if (map.containsKey(key)) {
                Collection col = (ArrayList) map.get(key);
                col.add(new Integer(data[i]));
            } else {
                Collection col = new ArrayList();
                col.add(new Integer(data[i]));
                map.put(key, col);
            }
        }
        return map;
    }
    public static void printMap(Map map) {
        Set set = map.entrySet();
        Iterator outerIt = set.iterator();
        while (outerIt.hasNext()) {
            Map.Entry me = (Map.Entry) outerIt.next();
            Integer key = (Integer) me.getKey();
            System.out.println("<--第" + key + "组成员列表开始-->");
            Collection col = (Collection) me.getValue();
            Iterator innerIt = col.iterator();
            while (innerIt.hasNext()) {
                System.out.println("成员编号：" + innerIt.next());
            }
            System.out.println("<--第" + key + "组成员列表结束-->");
```

```
        }
    }
    public static void main(String[] args) {
        int[] data = { 13, 24, 59, 78, 30, 14, 32, 6, 5, 81, 48 };
        Map map = Integration.grouping(data, 3);
        Integration.printMap(map);
    }
}
```

本章小结

　　本章首先概述了 Java 集合框架的内容和框架继承结构，然后重点介绍了 Java 集合框架中常用的接口和类，最后以示例的方式介绍了具体集合类的使用方法和特点。

习　　题

6-1 ArrayList 类通过_____方法获得迭代器，从而对所有元素进行排序。

6-2 Map 接口通过_____方法返回 Map.Entry 对象的视图集，即映像中的关键字/值对。

6-3 ArrayList 类通过_____方法增加容量。

6-4 ArrayList 类通过_____方法设置其容量为列表当前大小。

6-5 HashMap 类通过_____方法返回映像中所有值的视图集。

6-6 下列集合类中，哪个可以使用 ListIterator 进行遍历。（　　　　）

　　A．ArrayList　　　　B．List　　　　　　C．HashMap　　　　　D．LinkedList

6-7 下列哪个集合类使用链表作为底层实现的方式。（　　　　）

　　A.ArrayList　　　　B．LinkedList　　　C．HashSet　　　　　D．HashMap

6-8 下列哪个集合类可以用于存储关键字/值对映像。（　　　　）

　　A．Map　　　　　　B．Map.Entry　　　C．HashMap　　　　　D．HashSet

6-9 下列哪个集合类不允许存在相同的元素。（　　　　）

　　A．HashSet　　　　B．Set　　　　　　C．ArrayList　　　　　D．LinkedList

6-10 下列哪个接口没有继承 Collection 接口。（　　　　）

　　A．Map　　　　　　B．HashMap　　　　C．Set　　　　　　　D．List

6-11 简述 Collection、Map、List、HashMap、Set、ArrayList 的关系。

第 7 章　Java 程序的输入/输出

本章内容：介绍最基本的输入/输出流类，分析各种流类的基本使用方法。

学习目标：

- 掌握使用 File 类进行文件的操作
- 掌握使用字节流或字符流操作文件内容
- 了解管道流、数据操作流类的作用
- 掌握使用 BufferReader 类读取缓冲区中的内容
- 掌握对象流和对象序列化

7.1　File 类

File 类是一个与流无关的类，使用 File 类可以进行创建和删除文件、目录，获取文件所在的目录及文件的长度等常用操作。要使用 File 类，首先要掌握 File 类的构造方法，常用的构造方法有 3 种，如表 7-1 所示。

表 7-1　File 类常用构造方法

序号	方法名称	功能简介
1	public File(String pathname)	根据指定文件路径字符串创建 File 对象
2	public File(String parent,String child)	根据指定的父路径和子路径字符串创建 File 对象
3	public File(File parent, String child)	根据指定的 File 类的父路径和字符串类型的子路径创建 File 对象

实例化 File 类时，必须设置好路径，即向 File 类的构造方法中传递一个文件路径。例如，要操作 D 盘下的 IODemo.java 文件，必须把 pathname 写成 "d:\\IODemo.java"，其中 "\\" 表示目录的分隔符，Windows 中使用反斜杠 "\"；Linux 中使用正斜杠 "/"。Java 的 File 类中定义了如下 2 个常量使程序可以在任意的操作系统中使用：

pathSeparator：与系统有关的分隔连续多个路径字符串的分隔符；

separator：与系统有关的分隔同一个路径字符串的目录的分隔符。

File 类创建文件的方法如下例所示。

```java
import java.io.File;
public class FileDemo01 {
    public static void main(String[] args) {
        System.out.println("路径分隔符：" + File.separator);
        File file = new File("D:\\sn.txt");
        // 建议使用如下路径分隔符，必须给出完整的路径
        // File file = new File("D:" + File.separator + "sn.txt");
```

```
            if (file.exists()) {                 // 判断创建的文件是否存在
                file.delete();                    // 删除文件
            } else {
                try {
                    file.createNewFile();    // 创建文件
                } catch (Exception e) {
                    System.out.println("创建文件失败！");
                }
            }
        }
    }
```

示例演示了创建和删除文件的方法，建议在操作文件时一定要使用 File.separator 表示分隔符，以使开发的程序在任何操作系统中均可使用。

下面的示例演示了 File 类对文件夹的操作，创建的路径和文件操作实例化 File 类一样，是用 mkdir()方法创建文件夹的。

```
import java.io.File;
public class FileDemo02 {
    public static void main(String[] args) {
        // 给出文件夹的完整路径
        File fdir = new File("d:" + File.separator + "jkx");
        fdir.mkdir();                                    // 创建文件夹
        // 列出指定目录的全部内容(目录和文件)
        String[] str = fdir.list();                      // 返回一个字符串数组
        for (int i = 0; i < str.length; i++) {
            System.out.println(str[i]);                  // 列出指定目录中的内容
        }
        System.out.println("常用的方法是：listFiles()列出完整的路径");
        File[] files = fdir.listFiles();                 // 列出全部文件
        for (int i = 0; i < files.length; i++) {
            System.out.println(files[i]);
        }
        if (fdir.isDirectory()) {                        // 判断是否是目录
            System.out.println(fdir.getPath() + "路径是目录");
        } else {
            System.out.println(fdir.getPath() + "路径不是目录");
        }
    }
}
```

请读者自行运行程序查看执行结果。

File 类提供了操作文件和文件夹的方法，常用方法的示例如下：

```
import java.io.File;
import java.io.IOException;
import java.util.Date;
public class FileDemo01 {
    public static void main(String[] args) {
```

```
File file = new File("D:\\", "sn.txt");// 创建文件对象
try {
    file.createNewFile();
} catch (IOException e) {
    System.out.println("创建文件失败！！");
    e.printStackTrace();
}
System.out.println("文件名称：" + file.getName());
System.out.println("文件的绝对路径：" + file.getAbsolutePath());
System.out.println("文件可以读取：" + file.canRead());
System.out.println("文件可以写入：" + file.canWrite());
System.out.println("文件是否隐藏：" + file.isHidden());
System.out.println("文件长度：" + file.length());
long modifiedTime = file.lastModified();//毫秒数
//通过毫秒数构造日期，将毫秒数转换为日期
Date d = new Date(modifiedTime);
System.out.println("文件最后修改时间：" + d);
    }
}
```

File 类中其他方法的使用说明请查阅 Java API 文档。

7.2 RandomAccessFile 类

File 类只对文件本身进行操作，而如果要对文件内容进行操作，则应当使用随机读取 RandomAccessFile 类，可以随机地读取一个文件中指定位置的数据。RandomAccessFile 类常用的构造方法有以下 2 种。

1. public RandomAccessFile(String name,String mode)

name：和系统相关的文件名

mode：对文件的访问权限，可以是 r、rw、rws 或 rwd

2. public RandomAccessFile(File file,String mode)

file：一个 File 类的对象

mode：对文件的访问权限，可以是 r、rw、rws 或 rwd。

如下示例代码演示了如何构造 RandomAccessFile 类以读取文件内容。

```
import java.io.File;
import java.io.RandomAccessFile;
public class RandomAccessFileDemo01 {
    public static void main(String[] args) throws Exception{
        File f = new File("d:" + File.separator + "kj.txt");
        // 创建可读写的随机访问文件
        RandomAccessFile raf = new RandomAccessFile(f,"rw");
        long filePoint = 0;                  // 定义循环变量
        long fileLength = raf.length();       // 获取文件长度
```

```
            while (filePoint<fileLength) {
                String str = raf.readLine();          // 从文件中按行读取
                System.out.println(str);
                filePoint = raf.getFilePointer();
            }
            raf.close();                              // 关闭文件
        }
    }
```

下面的示例代码完成的操作是：打开 D 盘上已存在的文件"kj.txt"，创建 int 型数组，把 int 型数组写入到文件"kj.txt"中，然后按倒序读出这些数据。

```
    import java.io.File;
    import java.io.RandomAccessFile;
    public class RandomAccessFileDemo02 {
        public static void main(String[] args) throws Exception{
            int[] score = {67,60,90,70,53,78};
            // 创建随机访问文件为读写
            RandomAccessFile raf = new
                    RandomAccessFile("d:"+File.separator+"kj.txt","rw");
            for (int i = 0; i < score.length; i++) {
                raf.writeInt(score[i]);
            }
            for (int i = score.length-1; i >= 0; i--) {
                raf.seek(i*4);                        // 整型占 4 个字节
                System.out.print(raf.readInt()+"\t");
            }
            raf.close();                              // 关闭文件
        }
    }
```

随机读写流可以实现对文件内容的操作，但是却过于复杂，所以一般情况下操作文件内容往往使用字节流或字符流。

7.3　字节流与字符流

流（stream）是一组有序的数据序列。根据操作的类型分为输入流和输出流两种。在程序中所有的数据流都是以流的方式进行传输和保存的，程序需要数据时使用输入流读取数据，而当程序需要将一些数据保存起来时，就要使用输出流。

流的操作主要有字节流和字符流两大类，两类都有输入和输出操作。在字节流中输入数据使用 InputStream 类完成，输出数据使用 OutputStream 类完成。在字符流中输入数据主要是使用 Reader 类完成，输出数据主要是使用 Writer 类完成。

常用字节流的分类如图 7-1 所示。常用字符流的分类如图 7-2 所示。

下面将分别介绍如何使用字节流和字符流进行文件保存、文件读取等操作。

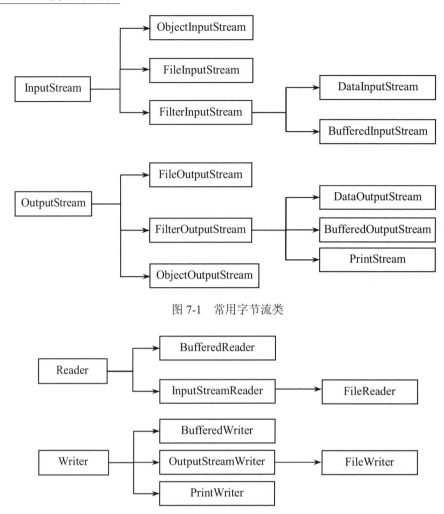

图 7-1 常用字节流类

图 7-2 常用字符流类

7.3.1 字节流

字节流主要操作 byte 类型数据，主要操作类是 InputStream 类和 OutputStream 类。

1. 字节输入流：InputStream 类

InputStream 类可以把内容从文件中读取出来，它提供了读数据流的抽象方法，常用的方法如表 7-2 所示。

表 7-2 InputStream 类的常用方法

序号	方法名称	功能简介
1	public int available() throws IOException	（取得输入文件的大小）返回字节流包含的字节数
2	public abstract int read() throws IOException	读取一个字节，若到结尾返回-1
3	public int read(byte[] b) throws IOException	读取字节并存入数组 b 中
4	public void close() throws IOException	关闭当前输入流

InputStream 类本身是一个抽象类，必须依靠其子类实例化对象，对文件操作的子类为 FileInputStream 类。例如：在 D 盘已存在"kj.txt"文件，此文件的内容为"周口师范学院计算机科学与技术学院。"，下面的代码演示了对"kj.txt"文件的读取操作，共使用了 5 种方法完成。

```java
import java.io.File;
import java.io.FileInputStream;
import java.io.InputStream;
public class InputStreamDemo {
    public static void main(String[] args) throws Exception{
        // 找到一个文件
        File f = new File("d:" + File.separator + "kj.txt");
        // 实例化——子类实例化父类
        InputStream fis = new FileInputStream(f);
        // 定义数组：用于接收从文件中读取的 byte 数据
        byte[] b1 = new byte[1024];
        // 1.直接读出——可能有空格
        fis.read(b1);                          // 取出内容，读到 byte 数组中
        fis.close();                           // 关闭输入流
        // 把 byte 数组转换为字符串输出
        System.out.println("第 1 种方式读取的数据：【" + new String(b1) + "】");
        // 2.指定范围内容输出
        byte[] b2 = new byte[1024];
        int len = fis.read(b2);                // 将内容读出
        fis.close();                           // 关闭输入流
        // 把 byte 数组转换为字符串输出
        System.out.println("第 2 种方式读取的数据：【" + new String(b2,0,len) + "】");
        // 3.byte 数组大小是文件的长度
        byte[] b3 = new byte[(int)f.length()];
        fis.read(b3);                          // 读出文件，放在数组中
        fis.close();                           // 关闭输入流
        // 把 byte 数组转换为字符串输出
        System.out.println("第 3 种方式读取的数据：【" + new String(b3) + "】");
        // 4.使用 read()循环读取
        byte[] b4 = new byte[(int)f.length()];
        for (int i = 0; i < b4.length; i++) {
            b4[i] = (byte)fis.read();
        }
        fis.close();                           // 关闭输出流
        System.out.println("第 4 种方式读取的数据：【" + new String(b4) + "】");
        // 5.循环接收的另一种形式
        byte[] b5 = new byte[1024];
        int temp = 0;                          // 接收读取的每一个内容
        int length = 0 ;                       // 记录循环读取的数据个数
        do {
            temp = fis.read();                 // 读取了一个字节
            if (temp != -1) {
```

```
                        b5[length++] = (byte) temp;            // 保存读取进来的单个字节
                    }
                } while (temp != -1);                           // 没有读取完，还有内容
                fis.close();                                    // 关闭输入流
                System.out.println("第 5 种方式读取的数据：【" +
                    new String(b5,0,length)+"】");
            }
        }
    }
```

程序运行结果：

第 1 种方式读取的数据：【周口师范学院计算机科学与技术学院。】
第 2 种方式读取的数据：【周口师范学院计算机科学与技术学院。】
第 3 种方式读取的数据：【周口师范学院计算机科学与技术学院。】
第 4 种方式读取的数据：【周口师范学院计算机科学与技术学院。】
第 5 种方式读取的数据：【周口师范学院计算机科学与技术学院。】

第 1 种方式读取的数据后面包含了许多空格，是因为开辟的数组大小为 1024 字节，而实际的内容只有 34 个字节，还有 990 个字节为空白空间，但 byte 数组变成字符串时也将这些无用的空间转为字符串，这样操作肯定是不合理的；第 2 种方式将 byte 数组中指定范围的内容转换为字符串输出；第 3 种方式是通过 File 类的 length()方法取得文件大小来定义 byte 数组大小转换为字符串输出；第 4、5 种方式是通过循环方式输出。第 2～5 种读取字节流的方式，读者都要掌握，开发中可能使用到。

2. 字节输出流：OutputStream 类

OutputStream 类是一个抽象类，它提供了读数据流的抽象方法，常用的方法如表 7-3 所示。

表 7-3　OutputStream 类的常用方法

序号	方法名称	功能简介
1	public abstract void write(int b) throws IOException	将指定的字节写入数据流
2	public void write(byte[] b) throws IOException	将 byte 数组写入数据流
3	public void write(byte[] b,int off, int len) throws IOException	将指定范围的数组写入数据流
4	public void flush() throws IOException	刷新缓冲区
5	public void close() throws IOException	关闭当前输出流

如果要使用此类，则必须通过子类来实例化对象。如果要操作的对象是一个文件，则可以使用 FileOutputStream 类，通过向上转型实现实例化。下面的示例演示了向 D 盘的 "kj.txt" 文件中写入字符串。

```
import java.io.File;
import java.io.FileOutputStream;
import java.io.OutputStream;
public class OutputStreamDemo01 {
    public static void main(String[] args) throws Exception{
        // 找到一个文件
        File f = new File("d:" + File.separator + "kj.txt");
        // 实例化-用子类实例化父类
```

```
        OutputStream fos = new FileOutputStream(f);
        String str = "zknu.jsjsxy.czw";
        byte[] b = str.getBytes();
        // 1.循环把每一个字节一个个写入到文件中
        for (int i = 0; i < b.length; i++) {
                fos.write(b[i]);
        }
        // 2.将 byte 数组写入到文件中
        fos.write(b);                  // 保存内容
        fos.close();                   // 关闭输出流
    }
}
```

程序用两种方式将内容写入到文件中，但是，如果重新执行程序，则肯定会覆盖文件中的已有内容，如果是在原文件中追加内容，则使用下面的构造方法。

```
        public FileOutputStream(File file,boolean append) throws IOException
```

append 为 true 表示在文件的末尾追加内容，向 D 盘的"kj.txt"文件中写入字符串的代码如下例所示。其他构造方法请参考 JDK 帮助文档。

```
    import java.io.*;
    public class OutputStreamDemo02 {
        public static void main(String[] args) throws Exception{
            // 找到一个文件
            File f = new File("d:" + File.separator + "kj.txt");
            // 实例化——子类实例化父类并可以在文件末尾追加内容
            OutputStream fos = new FileOutputStream(f,true);
            String str = "\r\n zknu.jsjsxy.czw";
            byte[] b = str.getBytes();
            // 1.循环把每一个字节一个个写入到文件中
            for (int i = 0; i < b.length; i++) {
                    fos.write(b[i]);
            }
            // 2.将 byte 数组写入到文件中
            fos.write(b);                  // 保存内容
            fos.close();                   // 关闭输出流
        }
    }
```

程序运行结果请读者自行测试，从结果可看出内容自动添加到文件结尾，"\r\n"表示在追加新内容前，先换行。字节流的操作本身都表示资源操作，而执行所有的资源操作都会按照如下的几个步骤进行，下面以文件操作为例（对文件进行读、写操作）进行介绍：

（1）如果要操作的是文件，则首先要通过 File 类对象找到一个要操作的文件路径（路径有可能存在，有可能不存在，如果不存在，则要创建路径）。

（2）通过字节流或字符流的子类将字节流或字符流的对象实例化（向上转型）。

（3）执行读/写操作。

（4）最后一定要关闭操作的资源（使用 close()方法），不管以后如何操作，最后一定要关闭资源。

上面的操作步骤对字符流同样适用。

7.3.2 字符流

Java 中的一个字符占 2 个字节，Java 提供了 2 个专门操作字符流的类：Reader 类和 Writer 类。这两个类是字符流的抽象类，定义了字符流读取和写入的基本方法，各个子类会依其特点实现或覆盖这些方法。

1. 字符输入流 Reader 类

Reader 类是所有字符输入流的父类，它定义了操作字符输入流的各种方法，Reader 类的常用方法如表 7-4 所示。

表 7-4 Reader 类的常用方法

序号	方法名称	功能简介
1	public int read() throws IOException	读取单个字符
2	public int read(char[] cbuf) throws IOException	将内容读到字符数组中，返回读入的长度
3	public void close() throws IOException	关闭当前输出流

Reader 类对文件操作的子类是 FileReader 类。下面的示例演示了 Reader 类从 D 盘的"kj.txt"文件中读取数据的方法。

```java
import java.io.*;
public class ReaderDemo {
    public static void main(String[] args) throws Exception{
        // 找到一个文件
        File f = new File("d:" + File.separator + "kj.txt");
        // 实例化——用子类实例化父类
        Reader reader = new FileReader(f);
        int len = 0 ;                      // 用来记录读取的数据个数
        char[] c = new char[1024];         // 所有的内容读到此数组中
        int temp = 0;                      // 接收读取的每一个内容
        while ((temp = reader.read())!= -1) {
            // 将每次读取的内容给 temp，temp 的值等于-1 表示文件读完
            c[len] = (char)temp;
            len++;
        }
        reader.close();
        System.out.println("内容为：" + new String(c,0,len));
    }
}
```

2. 字符输出流 Writer 类

Writer 类是所有字符输出流的父类，它定义了操作字符输出流的各种方法，Writer 类的常用方法如表 7-5 所示。

表 7-5　Writer 类的常用方法

序号	方法名称	功能简介
1	public void write(int c)throws IOException	将整型数据 c 写入到输出流
2	public void write(char[] cbuf) throws IOException	将字符数组 cbuf 数据写入到输出流
3	public void write(String str) throws IOException	将字符串 str 写入到输出流
4	public abstract void flush() throws IOException	刷新输出流，强制写入缓冲区中的数据
5	public abstract void close() throws IOException	向输出流写入缓冲区的数据，关闭输出流

　　Writer 类对文件操作的子类是 FileWriter 类。下面的示例演示了 Writer 类向 D 盘的"kj.txt"文件中写入数据的方法。

```java
import java.io.*;
public class WriterDemo {
    public static void main(String[] args) throws Exception{
        // 找到一个文件
        File f = new File("d:" + File.separator + "kj.txt");
        // 实例化——用子类实例化父类
        Writer out = new FileWriter(f,true);
        String str = "\r\ncomputer engineering dept";
        out.write(str);          // 保存内容
        out.close();             // 关闭输出流
    }
}
```

　　在使用字符流操作时也可以实现文件的追加功能，直接使用 FileWriter 类中的以下构造方法即可实现追加。

```java
public FileWriter(File file, boolean append) throws IOException
```

　　根据给定的 File 对象构造一个 FileWriter 对象，参数 append 为 true 时，表示将字节写入文件末尾处，而不是写入文件开始处，实现追加操作。请读者自行测试。

7.3.3　字节流与字符流的区别

　　字节流与字符流在操作上非常类似，二者的差别除了代码不同之外，最大的差别在于操作是否使用缓冲区（可理解为一段特殊的内存）。字节流在操作时不使用缓冲区，是文件本身直接操作的，而字符流在操作时使用了缓冲区，先通过缓冲区再操作文件。修改 WriterDemo.java 文件如下：

```java
import java.io.File;
import java.io.FileWriter;
import java.io.Writer;
public class WriterDemo01 {
    public static void main(String[] args) throws Exception{
        // 找到一个文件
        File f = new File("d:" + File.separator + "kj.txt");
        // 实例化——子类实例化父类
        Writer out = new FileWriter(f,true);
```

```
        String str = "\r\ncomputer engineering dept";
        out.write(str);           // 内容保存
        out.flush();              // 刷新缓冲区
        // out.close();           // 关闭输出流
    }
}
```

如果不关闭输出流则需要刷新缓冲区才能在文件中看到内容，请读者自行演示以理解操作文件的过程。所有文件在硬盘或在传输时都是以字节的方式进行的，而字符是只有在内存中才会形成，所以在开发中，字节流使用较为广泛。

7.4 转换流

Java JDK 文档中 FileWriter 类并不是 Writer 类的直接子类，而是 OutputStreamWriter 的直接子类，而 FileReader 类并不是 Reader 类的直接子类，而是 InputStreamReader 的直接子类，两个子类之间需要进行转换的操作，这两个类就是字节流–字符流的转换类。

OutputStreamWriter 类：将输出的字符流变为字节流，即将一个字符流的输出对象变为字节流的输出对象。

InputStreamReader 类：将输入的字节流变为字符流，即将一个字节流的输入对象变为字符流的输入对象。

不过无论如何进行转换和操作，最终全部是以字节的形式保存在文件中，将字节输出流变为字符输出流的示例代码如下。

```
import java.io.*;
public class OutputStreamWriterDemo {
    public static void main(String[] args) throws Exception{
        File f = new File("d:" + File.separator + "kj.txt");
        // 实例化——字节流变为字符流
        Writer out=new OutputStreamWriter(new FileOutputStream(f));
        out.write("www.zknu.edu.cn");
        out.close();
    }
}
```

将字节输入流变为字符输入流的示例代码如下。

```
import java.io.*;
public class InputStreamReaderDemo {
    public static void main(String[] args) throws Exception{
        File f = new File("d:" + File.separator + "kj.txt");
        // 实例化——字节流变为字符流
        Reader rd=new InputStreamReader(new FileInputStream(f));
        char[] c = new char[1024];
        int len = rd.read(c);
        rd.close();
        System.out.println("内容为： " + new String(c,0,len));
    }
}
```

7.5　打印流

Java.io 包中打印流提供了非常方便的打印功能，可以打印任何数据类型，如小数、整数和字符串等。打印流是输出信息最方便的类，主要包含字节打印流（PrintStream）和字符打印流（PrintWriter）。本节主要对字节打印流（PrintStream）进行讲解。

1. PrintStream 字节打印流

字节打印流 PrintStream 是 OutputStream 类的子类，其中一个构造方法可以直接接收 OutputStream 类的实例，从而更加方便地输出数据，示例代码如下。

```java
import java.io.File;
import java.io.FileOutputStream;
import java.io.PrintStream;
public class PrintStreamDemo {
    public static void main(String[] args) throws Exception{
        File f = new File("d:" + File.separator + "kj.txt");
        // 通过 FileOutputStream 实例化，向文件中打印输出
        PrintStream ps = new PrintStream(new FileOutputStream(f));
        ps.println("welcome you!");
        ps.println(3*3);
        ps.close();
    }
}
```

2. System 类

在 PrintStream 类中发现有许多 println()方法，实际上这些方法在之前一直在使用，下面介绍 System 类定义中 3 个与 IO 有关的常量：

错误输出：public static final PrintStream err

系统输出：public static final PrintStream out

系统输入：public static final InputStream in

System.err 和 System.out 都是系统的输出，两者的区别在于相对于用户来说一个是不可见的，一个是可见的。系统输出是将所有信息输出到指定的输出设备上，即显示器。而 System.out 本身是属于 PrintStream 对象，PrintStream 是 OutputStream 的子类，所以实际上可以利用 System.out 为 OutputStream 类执行实例化操作。系统输入针对标准的输入设备，即键盘输入数据，下面编写一个操作由键盘输入数据的程序。

```java
import java.io.InputStream;
public class TestDemo {
    public static void main(String[] args) throws Exception {
        InputStream input = System.in;
        byte data[] = new byte[1024];
        System.out.print("请输入数据：");
        int len = input.read(data);          // 等待用户输入，程序进入到阻塞状态
        System.out.println("输入的内容是：" + new String(data, 0, len));
    }
}
```

7.6　管道流

　　管道流的主要作用是进行两个线程间的通信，分为管道输出流（PipedOutputStream）和管道输入流（PipedInputStream）。如果要进行管道输出，则必须把输出流连到输入流上。

```java
import java.io.* ;
public class PipedDemo{
    public static void main(String args[]){
        Send s = new Send() ;
        Receive r = new Receive() ;
        try{
            s.getPos().connect(r.getPis()) ;           // 连接管道
        }catch(IOException e){
            e.printStackTrace() ;
        }
        new Thread(s).start() ;                        // 启动线程
        new Thread(r).start() ;                        // 启动线程
    }
}
class Send implements Runnable{                        // 线程类
    private PipedOutputStream pos = null ;             // 管道输出流
    public Send(){
        this.pos = new PipedOutputStream() ;           // 实例化输出流
    }
    public void run(){
        String str = "Welcome you!!!" ;                // 要输出的内容
        try{
            this.pos.write(str.getBytes()) ;
        }catch(IOException e){
            e.printStackTrace() ;
        }
        try{
            this.pos.close() ;
        }catch(IOException e){
            e.printStackTrace() ;
        }
    }
    public PipedOutputStream getPos(){                 // 获取此线程的管道输出流
        return this.pos ;
    }
}
class Receive implements Runnable{
    private PipedInputStream pis = null ;              // 管道输入流
    public Receive(){
        this.pis = new PipedInputStream() ;            // 实例化输入流
```

```
                }
        public void run(){
                byte b[] = new byte[1024] ;              // 接收内容
                int len = 0 ;
                try{
                        len = this.pis.read(b) ;          // 读取内容
                }catch(IOException e){
                        e.printStackTrace() ;
                }
                try{
                        this.pis.close() ;                 // 关闭管道输入流
                }catch(IOException e){
                        e.printStackTrace() ;
                }
                System.out.println("接收的内容为： " + new String(b,0,len)) ;
        }
        public PipedInputStream getPis(){
                return this.pis ;
        }
}
```

　　示例中定义了两个线程对象，在发送的线程类中定义了管道输出流，在接收的线程类中定义了管道输入流，在操作时只需要使用 PipedOutputStream 类中提供的 connect()方法就可以将两个线程管道连接在一起，线程启动后会自动进行管道的输入和输出操作。

7.7　缓冲区操作流

　　java.io 包中的缓冲区操作流是 BufferedReader 类和 BufferedWriter 类，BufferedReader 类用于从缓冲区中读取内容，所有的输入字节数据都将放在缓冲区中；BufferedWriter 类用于将数据写入到缓冲区。

　　BufferedReader 类是 Reader 类的子类，使用该类能以行为单位读取数据；BufferedWriter 类是 Writer 类的子类，该类能以行为单位写入数据，示例代码如下。

```
import java.io.*;
public class BufferedDemo {
        public static void main(String[] args) throws Exception{
                // 创建 BufferedReader 对象
                FileReader fr = new FileReader("d:\\example1.txt");
                File f = new File("d:\\example2.txt");
                // 创建文件输出流
                FileWriter fw = new FileWriter(f);
                BufferedReader br = new BufferedReader(fr);
                // 创建 BufferedWriter 对象
                BufferedWriter bw = new BufferedWriter(fw);
                String str = null;
                while ((str = br.readLine())!= null) {
```

```
            bw.write(str + "\n");        // 为读取的文本行添加回车
        }
        br.close();                      // 关闭输入流
        bw.close();                      // 关闭输出流
    }
}
```

7.8   数据操作流

java.io 包中提供了两个与平台无关的数据操作流：数据输出流（DataOutputStream）和数据输入流（DataInputStream）。数据输出流和数据输入流分别有各种 writeXxx()方法和 readXxx()方法来对数据进行输出和读取。下面的示例实现把订单数据通过数据输出流保存到文件，然后再使用数据输入流从文件中读取出来。

```
import java.io.*;
public class DataOutputStreamDemo{
    public static void main(String args[]) throws Exception{
        DataOutputStream dos = null ;              // 声明数据输出流对象
        File f = new File("d:" + File.separator + "order.txt") ;
        // 实例化数据输出流对象
        dos = new DataOutputStream(new FileOutputStream(f)) ;
        String names[] = {"衬衣","手套","围巾"} ;     // 商品名称
        float prices[] = {98.3f,30.3f,50.5f} ;       // 商品价格
        int nums[] = {3,2,1} ;                        // 商品数量
        for(int i=0;i<names.length;i++){              // 循环输出
            dos.writeChars(names[i]) ;               // 写入字符串
            dos.writeChar('\t') ;                     // 写入分隔符
            dos.writeFloat(prices[i]) ;               // 写入价格
            dos.writeChar('\t') ;                     // 写入分隔符
            dos.writeInt(nums[i]) ;                   // 写入数量
            dos.writeChar('\n') ;                     // 换行
        }
        dos.close() ;                                 // 关闭输出流
    }
}
```

上述程序是将订单数据写入到文件 order.txt 中。下面的程序是从文件 order.txt 中读取数据。

```
import java.io.*;
public class DataInputStreamDemo{
    public static void main(String args[]) throws Exception{
        DataInputStream dis = null ;              // 声明数据输入流对象
        // 文件的保存路径
        File f = new File("d:" + File.separator + "order.txt") ;
        // 实例化数据输入流对象
        dis = new DataInputStream(new FileInputStream(f)) ;
        String name = null ;                      // 接收名称
        float price = 0.0f ;                      // 接收价格
```

```
int num = 0 ;                                   // 接收数量
char temp[] = null ;                            // 接收商品名称
int len = 0 ;                                   // 保存读取数据的个数
char c = 0 ;                                     //  '\u0000'
try{
    while(true){
        temp = new char[200] ;                  // 开辟空间
        len = 0 ;
        while((c=dis.readChar())!='\t'){         // 接收内容
            temp[len] = c ;
            len ++ ;                             // 读取长度加 1
        }
        name = new String(temp,0,len) ;          // 将字符数组变为 String
        price = dis.readFloat() ;                // 读取价格
        dis.readChar() ;                         // 读取\t
        num = dis.readInt() ;                    // 读取 int
        dis.readChar() ;                         // 读取\n
        System.out.printf("名称：%s；价格：%5.2f；数量：
                    %d\n",name,price,num) ;
    }
}catch(Exception e){}
dis.close() ;
}
}
```

7.9　对象流

Java 提供了 ObjectInputStream 与 ObjectOutputStream 类来读取和保存对象，它们分别是对象输入流和对象输出流。ObjectInputStream 类和 ObjectOutputStream 类分别是 InputStream 和 OutputStream 类的子类，继承了它们的所有方法。如下示例代码演示了如何操作 D 盘已存在 login.txt 文件以实现用户密码的修改。

```
import java.io.*;
public class ObjectDemo {
    public static void main(String[] args) throws Exception{
        User user = new User("sam", "8080");        // 创建 user 类的对象
        FileOutputStream fos=new FileOutputStream("d:\\login.txt");
        // 创建输出流对象，使之可以将对象写入文件中
        ObjectOutputStream obs = new ObjectOutputStream(fos);
        obs.writeObject(user);                       // 将对象写入文件中
        System.out.println("写入文件的信息");
        System.out.println("用户名：" + user.name);
        System.out.println("密　码：" + user.password);
        FileInputStream fis = new FileInputStream("d:\\login.txt");
        // 创建输入流对象，使之可以从文件中读取数据
        ObjectInputStream ois = new ObjectInputStream(fis);
```

```
            user = (User)ois.readObject();              // 读取文件中的信息
            user.setPassword("666666");                 // 修改密码
            System.out.println("修改后的文件的信息");
            System.out.println("用户名：" + user.name);
            System.out.println("密    码：" + user.password);
        }
    }
    class User implements Serializable{
        String name;
        String password;
        User(String name,String password){
            this.name = name;
            this.password = password;
        }
        public void setPassword(String password) {
            this.password = password;
        }
    }
```

上述程序中对类 User 使用了对象序列化。通过实现 java.io.Serializable 接口，将对象存入流称为序列化，而从一个流中读出对象称为反序列化。

transient 关键字：当一个类的对象被序列化时，这个类之中的所有属性都被保存下来，如果不希望某些属性被保存的话，可以使用 transient 进行声明。例如下面的类实现了序列化，但是不希望 User 类的 name 属性被保存下来，就要使用 transient 关键字。

```
    class User implements Serializable{
        transient String name;          // 不能被序列化
        String password;                // 可以被序列化
        User(String name,String password){
            this.name = name;
            this.password = password;
        }
        public void setPassword(String password) {
            this.password = password;
        }
    }
```

7.10　Scanner 类

Scanner 类是 java.util 包中的类，用来实现用户的输入，是一种只要有控制台就能实现输入操作的类。如果程序操作数据流只为读取文本数据，建议使用 Scanner 类实现具体操作，本书不再赘述，请读者自行查阅 Java API 文档。

本章小结

本章介绍了最基本的输入/输出流类，并通过示例分析了各种流类的基本使用方法。对于数据流必须能够根据具体情况，选择使用合适的字节流或者字符流。更详细的 Java 的 IO 操作请参考 Java API 文档。

习　　题

7-1 编写一个程序，从名为 demo.txt 的文件中读取并显示用户名和密码。如果源文件不存在，则显示相应的错误信息。

7-2 编写一个程序，接收从键盘输入的数据，并把从键盘输入的内容写入 demoinput.txt 文件中，如果输入"quit"则结束程序。

第 8 章　Java 数据库编程

本章内容：介绍 JDBC 技术及如何应用 JDBC 技术实现对数据库的操作。

学习目标

- 了解 JDBC 的概念及 4 种驱动程序
- 掌握 JDBC 连接数据库的步骤
- 掌握 JDBC 对数据库操作的相关类和接口
- 掌握 JDBC 对数据库进行增、删、改、查等操作
- 区分 Statement 和 PreparedStatement 的使用
- 重点掌握 PreparedStatement 的使用
- 了解事务的概念及 JDBC 对事务的支持

8.1　JDBC 技术

8.1.1　JDBC 技术简介

JDBC 是一套允许 Java 与 SQL 数据库对话的程序设计接口。JDBC 经常被认为是 Java Database Connectivity 的缩写，事实上，JDBC 是一个产品的商标名，它由一组用 Java 编程语言编写的类和接口组成。JDBC 为开发人员提供了标准的 API，使用 JDBC 就不必为访问 Microsoft SQL Server 和 Oracle 数据库专门写不同的代码。结合 Java 的平台无关性，几乎可以编写一段代码在任何一种平台下操作任何一种数据库。

JDBC 的优点是利于用户理解，便于进一步封装复用，加强了程序的可移植性，提供了与 ODBC 的桥接方法。简单来说，JDBC 可以完成如下 3 件事情：

（1）与特定的数据库进行连接；

（2）向数据库发送 SQL 语句，实现对数据库的特定操作；

（3）对数据库返回的结果进行处理。

JOBC 对编程人员屏蔽了很多细节上的问题，从而可以简化和加快数据库程序的开发过程。

8.1.2　JDBC 驱动程序

驱动程序主要用来把应用程序的 API 转化成对特定的数据库请求。目前的 JDBC 驱动程序可分为以下 4 种类型。

1．第一类：JDBC-ODBC 桥

JDBC-ODBC 桥是一种 JDBC 驱动程序，它充分发挥了 ODBC 支持大量数据源的优势。JDBC 利用 JDBC-ODBC 桥，通过 ODBC 来操作数据库。但它最直接的缺点就是依赖 ODBC，ODBC 的局限性将存在于使用 JDBC-ODBC 桥作为驱动的程序中。

2. 第二类：本地 API Java 驱动程序

本地 API Java 驱动程序（Java to Native API）是利用客户机上的本地代码库来与数据库直接通信。这类驱动程序必须使用本地库，所以这些库必须安装在客户机上。不过大多数的数据库供应商都为其产品提供了该类型的驱动程序。

3. 第三类：JDBC-Net 纯 Java 驱动程序

JDBC-Net 纯 Java 驱动程序是面向数据库中间件的纯 Java 驱动程序，JDBC 调用被转换成一种中间件厂商的协议，中间件再把这些调用转换为数据库 API。这种驱动程序比较灵活，能够发布到网上，常被用在三层网络解决方案中。

4. 第四类：纯 Java 的驱动程序

纯 Java 的驱动程序通过本地协议直接与数据库引擎通信。配合合适的通信协议，这种驱动程序也可以用于 Internet。由于数据库引擎和客户机之间没有本地代码层或者中间软件，所以它具有明显的性能优势。

其中，第三、四类都是纯 Java 的驱动程序，因此，对于 Java 开发者来说，它们在性能、可移植性、功能等方面都有优势。

8.2 结构化查询语言

SQL 是结构化查询语言（Structured Query Language）的简称。SQL 语言是一种综合的、通用的、功能强大的关系型数据库语言，能实现数据库的创建、更新、删除、数据定义、文本限制、权限控制等操作，被公认为是数据库操作不可缺少的工具。SQL 现在已经成为关系数据库的标准语言。各种数据库管理系统（DBMS）相关内容不是本书的重点，这里不再赘述。

8.3 JDBC 基本操作

在 JDBC 的基本操作中最常用的类和接口是 DriverManager、Connection、Statement、ResultSet、PreparedStatement，都放在 java.sql 包中，相关功能介绍如表 8-1 所示。

表 8-1 java.sql 包中数据库操作的接口和类

序号	类/接口	功能说明
1	DriverManager 类	用于加载和卸载各种驱动程序并建立与数据库的连接
2	Connection 接口	此接口表示与数据库的连接
3	Statement 接口	此接口用于执行 SQL 语句并将数据检索到 ResultSet 中
4	ResultSet 接口	此接口表示了查询出来的数据库数据结果集
5	PreparedStatement 接口	此接口用于执行预编译的 SQL 语句
6	Date 类	包含将 SQL 日期格式转换成 Java 日期格式的各种方法

8.3.1 JDBC 操作步骤

数据库安装并配置完成后，即可按图 8-1 所示的步骤进行数据库的操作。

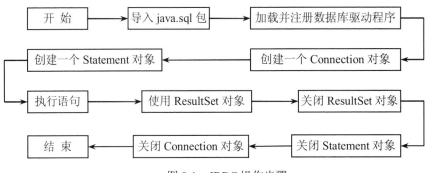

图 8-1　JDBC 操作步骤

（1）加载数据库驱动程序：各个数据库都会提供 JDBC 的驱动程序开发包，直接把 JDBC 操作所需要的开发包（一般为*.jar 或*.zip）配置到项目的库中。

（2）连接数据库：根据各个数据库的不同，连接的地址也不同，此连接地址将由数据库厂商提供。一般在使用 JDBC 连接数据库时都要求用户输入数据库连接的用户名和密码，例如，本章使用的数据库是 SQL Server 2000，用户名为 sa，密码为空，用户在获取连接后才可以对数据库进行查询或更新的操作。

（3）使用语句进行数据库操作：数据库操作分为更新和查询两种，除了可以使用标准的 SQL 语句外，对于各个数据库也可以使用其自己提供的各种命令。

（4）关闭数据库连接：数据库操作完毕后，依次关闭连接以释放资源。

8.3.2　JDBC-ODBC 连接数据库

用 JDBC-ODBC 连接数据库称为桥连接，将 JDBC 首先翻译为 ODBC，然后使用 ODBC 驱动程序与数据库通信，必须安装 ODBC 驱动程序和配置 ODBC 数据源，本章所用数据库是 SQL Server 2000 的 userDB 数据库，如图 8-2 所示。

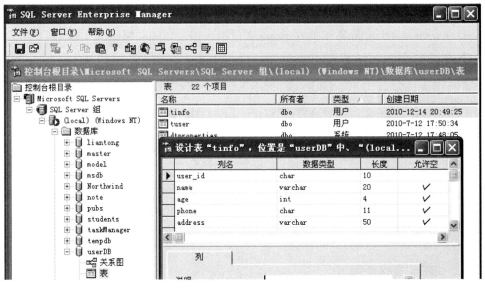

图 8-2　数据库 userDB

配置 ODBC 数据源步骤：打开【控制面板】→【管理工具】→【数据源 (ODBC)】，打开 ODBC 数据源管理器，如图 8-3 所示。

图 8-3　ODBC 数据源管理器

单击【添加】按钮，打开【创建数据源】对话框，选择数据库的驱动程序，如图 8-4 所示。

图 8-4　创建 SQL Server 数据源

单击【完成】按钮，出现如图 8-5 所示的配置对话框，命名数据源，如：userDB。

输入"."或"local"选择本地服务器，单击【下一步】→【下一步】出现如图 8-6 所示的配置窗口，设置"更改默认的数据库为（D）："userDB，单击【下一步】→【完成】进入如

图 8-7 所示的数据源配置信息确认界面。点击【测试数据源】。

若配置成功则如图 8-8 所示。此时在图 8-2 中的用户数据源"名称"中会出现刚刚配置成功的数据源的相关信息，也表明数据源配置成功。

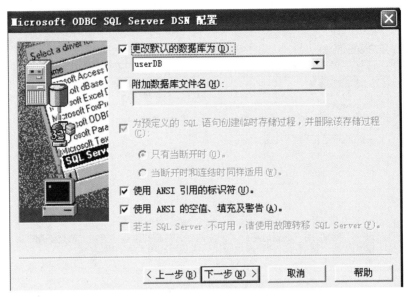

图 8-6　Microsoft ODBC SQL Server DSN 配置

图 8-7　数据源配置信息

图 8-8　数据源测试结果

连接上面配置的数据源 userDB 的示例代码如下，请读者掌握连接步骤。

```java
import java.sql.Connection;
import java.sql.DriverManager;
import java.sql.ResultSet;
import java.sql.SQLException;
import java.sql.Statement;
```

```
public class Test_JDBC01 {
    // 定义数据库驱动程序
    public static final String DBDRIVER = "sun.jdbc.odbc.JdbcOdbcDriver";
    // 定义数据库连接地址，userDB 为配置成功的数据源名称
    public static final String DBURL = "jdbc:odbc:userDB";
    // 连接数据库的登录用户名、密码
    public static final String DBUSER = "sa";
    public static final String PASSWORD = "";
    public static void main(String[] args) {
        Connection conn = null;              // 创建数据库连接对象
        Statement stmt = null;               // 定义 Statement 对象，用于操作数据库
        ResultSet rs = null;                 // 创建数据库结果集对象
        String sql = "select * from tinfo";  // 数据库查询语句字符串
        // 1.注册数据库驱动程序
        try {
            Class.forName(DBDRIVER);
        } catch (ClassNotFoundException e) {
            System.out.println("加载驱动程序失败！请检查！");
            e.printStackTrace();
        }
        // 2.获取数据库的连接
        try {
            conn=DriverManager.getConnection(DBURL,DBUSER,PASSWORD);
        } catch (SQLException e) {
            System.out.println("连接数据库失败，请检查用户名和密码！");
            e.printStackTrace();
        }
        // 3.获取表达式（根据连接创建语句对象）
        try {
            stmt = conn.createStatement();
        } catch (SQLException e) {
            System.out.println("获取表达式出错！");
            e.printStackTrace();
        }
        //4.执行 SQL 语句
        try {
            rs = stmt.executeQuery(sql);
        } catch (SQLException e) {
            System.out.println("执行 SQL 语句出错！");
            e.printStackTrace();
        }
        //5.显示结果集数据
        try {
            while(rs.next()){//游标在第一条记录的上面
                System.out.print(rs.getString("user_id")+"\t");
                System.out.print(rs.getString(2)+"\t");
```

```
                            System.out.print(rs.getInt(3)+"\t");
                            System.out.print(rs.getString(4)+"\t");
                            System.out.println(rs.getString(5));
                }
        } catch (SQLException e) {
                e.printStackTrace();
        }
        //6.释放资源
        try {
                rs.close();
                stmt.close();
                conn.close();
        } catch (SQLException e) {
                System.out.println("释放资源失败！");
                e.printStackTrace();
        }
    }
}
```

数据库的驱动程序 *DBDRIVER* = "sun.jdbc.odbc.JdbcOdbcDriver"是 Eclipse 所建项目的 JRE System Liberary 的 rt.jar 包中的一个类 JdbcOdbcDriver.class，所在的包为 sun.jdbc.odbc，如图 8-9 所示。

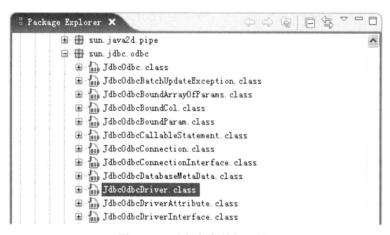

图 8-9　驱动程序类所在 jar 包

此类已经导入到项目的运行环境库里，所以可以直接使用。

1. 加载 JDBC 驱动

在通过 JDBC 与数据库建立连接之前，必须加载相应数据库的 JDBC 驱动。调用方法 Class.forName()将显式地将驱动程序添加到 java.lang.System 的属性 jdbc.drivers 中。

如示例中语句：Class.*forName*(*DBDRIVER*);

在第一次调用 DriverManager 类的方法时将自动加载这些驱动程序类。也可以用其他方法加载。如：new sun.jdbc.odbc.JdbcOdbcDriver();建议使用示例方法 Class.forName()加载。

2．Connection 接口

Connection 接口代表与数据库的连接。与数据库建立连接可以通过调用 DriverManager.get Connection()方法实现。通常，开发者更多使用的是如下方法建立连接。

public static Connection getConnection(String url,String user,String password) throws SQLException

其参数含义如下：

url：指 JDBC URL，它提供了一种标识数据库的方法，可以使相应的驱动程序能识别该数据库并与之建立连接。开发者可以参考驱动程序的相关说明文档获得正确的 url 拼写方式。URL 的标准语法如下所示。

jdbc:<子协议>:<数据源名称>

如示例中语句：

public static final String *DBURL* = "jdbc:odbc:userDB";

conn=DriverManager.*getConnection*(*DBURL,DBUSER,PASSWORD*);

DBUSER 是连接数据库的用户名，PASSWORD 是连接数据库的密码。

连接建立之后，就可用来向它所连接的数据库传送 SQL 语句了。JDBC 提供了 3 个接口用于向数据库发送 SQL 语句。这 3 个接口分别是 Statement、PreparedStatement 和 CallableStatement。Connection 接口中定义了方法用于返回这 3 个接口。

读者可参考 JDK API 文档了解详细的说明，CallableStatement 并不常用，Statement 接口和 PreparedStatement 接口将在本章详细介绍。需要注意的是在确定使用完 Connection 后，应该调用其 close 方法断开连接，初学者经常忘记调用 close 方法断开连接。

3．Statement 接口

Statement 接口用于将 SQL 语句发送到所连接的数据库中。创建 Statement 接口后就可以使用它执行 SQL 语句了。

Statement 接口提供了 3 种执行 SQL 语句的方法：executeQuery、executeUpdate 和 execute。开发者应根据这 3 种方法的适用范围选择使用。

（1）executeQuery 方法用于执行产生单个结果集的语句，例如 SELECT 语句。

（2）executeUpdate 方法用于执行 INSERT、UPDATE 或 DELETE 语句以及 SQL DDL（数据定义语言）语句，例如 CREATE TABLE 和 DROP TABLE。executeUpdate 的返回值是一个整数，它表示执行 SQL 语句后受影响的记录数。

（3）execute 方法用于执行返回多个结果集、多个更新计数或二者组合的语句。

在 Statement 接口使用结束后，应该调用 close 方法将其关闭。与 Connection 类似，初学者经常忘记调用 close 方法关闭 Statement。

4．ResultSet 接口

ResultSet 包含符合 SQL 语句中条件的所有记录行，等价于一张表，其中有查询所返回的列标题及相应的值，可通过一系列 get 方法访问这些行中的数据。ResultSet 中维持了一个指向当前行的指针，最初，这个指针指向表的第一行，ResultSet.next 方法用于将指标移动到 ResultSet 中的下一行，使下一行成为当前行。ResultSet.next 方法返回一个 boolean 类型的值，如果这个值是 True，则说明已经成功地移动到了下一行；如果是 False，则说明已经到了最后一行。在每一行内，可按任何次序获取列值。但为了保证程序的可移植性，应该从左至右获取列值，并且一次性地读取所有列值。列名或列号可用于标识要从中获取数据的列。例如，如果

ResultSet 对象 rs 的第一列列名为 "user_id"，其值的存储类型为字符串，则可以通过以下两种方式访问该列的值：

    rs.getString("user_id");
    rs.getString(1);

注意列号是从左至右编号的，并且从 1 开始而不是 0。

对于一系列 get 方法，JDBC 驱动程序试图将基本数据转换成指定的 Java 类型，然后返回适合的 Java 值。例如，如果 getXXX 方法为 getString，而基本数据库中数据类型为 VARCHAR，则 JDBC 驱动程序将把 VARCHAR 转换成 Java 中的 String 类型。不再使用 ResultSet 时，应调用其 close 方法将其关闭，然后再关闭 Statement，最后断开数据库连接。

8.3.3　JDBC 直接连接数据库

JDBC 桥连接的方式简单，但是需要安装 ODBC 驱动程序和配置 ODBC 数据源，需要 ODBC 的支持。使用第四种方式在开发中使用较多，更加直接和简便。可以直接使用该厂商提供的驱动程序与数据库进行连接。连接之前要将厂商提供的驱动程序的 jar 包或 zip 包导入到项目的 Libraries 中，如图 8-10 所示。

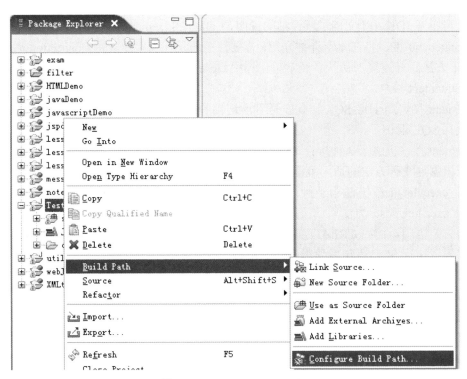

图 8-10　Configure Build Path

单击【Add JARs】找到驱动程序的 jar 包所在目录，如图 8-11 所示。

单击【OK】关闭 JAR Selection 窗口，单击【OK】完成配置。Microsoft SQL Server 2000 的驱动程序已经加载到了项目中。完成后的结果如图 8-12 所示。

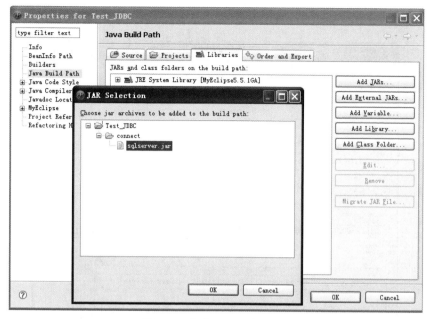

图 8-11　加载驱动程序 jar 包

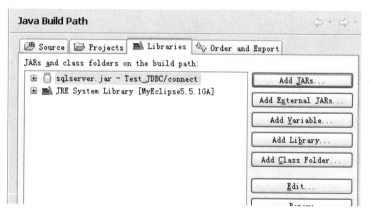

图 8-12　Java 项目的配置路径

在 Eclipse 中打开如图 8-13 所示数据库管理器 Database Explorer。在 DB Browser 右击对应数据库 sqlserver 2000，选中【Edit】，如图 8-14 所示。

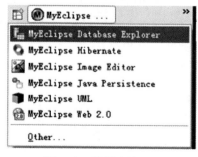

图 8-13　数据库管理器

图 8-14　编辑数据库连接驱动器

打开【Edit Database Connection Driver】窗口，如图 8-15 所示。

图 8-15 编辑数据库连接驱动

Driver template：选择 Microsoft SQL Server；

Driver name：用户自定义名字，图示为 sqlserver2000；

Connection URL：jdbc:microsoft:sqlserver://localhost:1433;DatabaseName=userDB

User name：sa；

Password：这里为空，如果 Microsoft SQL Server 2000 的登录密码不为空，则必须填写。

Driver JARs：选择驱动程序所在的路径；单击【Add JARs】选择驱动程序所在的路径，则自动在左边出现，参看图示。

Driver classname：当添加驱动程序 jar 包成功后，自动出现驱动程序的类名。单击【Finish】完成配置。如图 8-16 所示。

图 8-16 数据库连接成功图

在数据库管理器的 DB Browser 中单击连接图标（带箭头的图标）查看是否连接成功。如果没有连接成功，请检查数据库配置是否正确，或者查看 Microsoft SQL Server 2000 是否启动。成功后，可将数据库操作所需的驱动程序名、URL、用户名和密码直接复制到代码中。下面的示例代码演示了直连数据库的操作。

```java
public class Test_JDBC02 {
    private Connection conn = null;
    private Statement stmt = null;
    private ResultSet rs = null;
    private final static String DRIVER =
        "com.microsoft.jdbc.sqlserver.SQLServerDriver";
    private final static String URL =
        "jdbc:microsoft:sqlserver://localhost:1433;DatabaseName=userDB";
    private final static String USER = "sa";
    private final static String PASSWORD = "";
    public Connection getConn(){
        try {
            Class.forName(DRIVER);
            conn = DriverManager.getConnection(URL, USER, PASSWORD);
        } catch (ClassNotFoundException e) {
            e.printStackTrace();
        } catch (SQLException e) {
            e.printStackTrace();
        }
        if (conn!=null) {
            return conn;
        } else {
            System.out.println("数据库连接失败，请检查！ ");
            return conn;
        }
    }
    public void release(){
        try {
            rs.close();
            stmt.close();
            conn.close();
        } catch (SQLException e) {
            e.printStackTrace();
        }
    }
    public static void main(String[] args) {
        Test_JDBC02 test = new Test_JDBC02();
        test.getConn();
        test.release();
    }
}
```

8.3.4　JDBC 对数据库的更新操作

数据库连接完成后，就可以对数据库进行操作了，JDBC 对数据库的查询操作比较简单，前面的示例已经讲解。下面使用 Statement 接口分别完成数据库的插入、修改、删除操作。

1．数据库的插入操作

向 userDB 数据库的 tinfo 表中增加一条新的记录，并通过 Statement 执行。为了方便读者阅读代码，将所有的异常直接在主方法抛出以减少程序中的 try…catch 代码。

```
import java.sql.*;
public class InsertDemo01 {
    private final static String DRIVER =
        "com.microsoft.jdbc.sqlserver.SQLServerDriver";
    private final static String URL =
        "jdbc:microsoft:sqlserver://localhost:1433;DatabaseName=userDB";
    private final static String USER = "sa";
    private final static String PASSWORD = "";
    public static void main(String[] args) throws Exception{
        Connection conn = null;
        Statement stmt = null;
        String sql = "INSERT INTO tinfo(user_id,name,age,phone, address)"
            + "VALUES('20100806','洪七公',33,'8888888', '丐帮帮主四海为家')";
        Class.forName(DRIVER);
        conn = DriverManager.getConnection(URL, USER, PASSWORD);
        stmt = conn.createStatement();
        stmt.executeUpdate(sql);          // 执行数据库更新操作
        stmt.close();
        conn.close();
    }
}
```

如果在插入数据时使用变量，则可以使用下面的代码编写：

```
String user_id = "20100806";
String name = "洪七公";
int age = 33;
String phone = "8888888";
String address = "丐帮帮主四海为家";
String sql = "INSERT INTO tinfo(user_id,name,age,phone,address)" +"VALUES('"+user_id+"','"+name+"','"+age+"','"+phone+"','"+address+"')";
```

从代码可发现，SQL 语句采用了拼接的形式，实际上是多个字符串的连接而已，这种形式容易出错，后面讲解的 PreparedStatement 接口可以解决这个问题。

2．数据库的修改操作

执行数据库的修改操作，只需要将 SQL 语句修改为 UPDATE 语句即可，如下例所示。

```
import java.sql.*;
public class UpdateDemo01 {
    private final static String DRIVER =
        "com.microsoft.jdbc.sqlserver.SQLServerDriver";
```

```
        private final static String URL =
                "jdbc:microsoft:sqlserver://localhost:1433;DatabaseName=userDB";
        private final static String USER = "sa";
        private final static String PASSWORD = "";
        public static void main(String[] args) throws Exception{
                Connection conn = null;
                Statement stmt = null;
                String user_id = "20100806";
                String name = "郭靖";
                int age = 23;
                String phone = "136363633";
                String address = "桃花岛";
                String sql = "UPDATE tinfo SET name='"+name+"',age='"+age+"',
                        phone='"+phone+"',address='"+address+"'" +
                        "WHERE    user_id='"+user_id+"'";
                Class.forName(DRIVER);
                conn = DriverManager.getConnection(URL, USER, PASSWORD);
                stmt = conn.createStatement();
                stmt.executeUpdate(sql);            // 执行数据库更新操作
                stmt.close();
                conn.close();
        }
}
```

3. 数据库的删除操作

与更新操作一样，直接执行 DELETE 的 SQL 语句即可完成记录的删除操作，如下例所示。

```
import java.sql.*;
public class DeleteDemo01 {
        private final static String DRIVER =
                        "com.microsoft.jdbc.sqlserver.SQLServerDriver";
        private final static String URL =
                "jdbc:microsoft:sqlserver://localhost:1433;DatabaseName=userDB";
        private final static String USER = "sa";
        private final static String PASSWORD = "";
        public static void main(String[] args) throws Exception{
                Connection conn = null;
                Statement stmt = null;
                String user_id = "20100806";
                String sql = "DELETE FROM tinfo WHERE user_id=" + user_id;
                Class.forName(DRIVER);
                conn = DriverManager.getConnection(URL, USER, PASSWORD);
                stmt = conn.createStatement();
                stmt.executeUpdate(sql);            // 执行数据库删除操作
                stmt.close();
                conn.close();
        }
}
```

本节代码已经过测试，可以正确执行，请读者务必自行练习，以掌握操作数据库的步骤和方法。

8.4 JDBC 高级操作

8.4.1 PreparedStatement 接口

PreparedStatement 接口继承自 Statement 接口，它继承了 Statement 的所有功能，同时还具有一些 Statement 接口没有的特点。PreparedStatement 属于预处理操作，在操作时，是先在数据表中准备好了一条 SQL 语句，但是此 SQL 语句的具体内容暂时不设置，而是之后再进行设置。由于 PreparedStatement 对象已预编译过，所以其执行速度要高于 Statement 对象。因此，对于需要多次执行的 SQL 语句可使用 PreparedStatement 对象操作，以提高效率。下面的示例代码演示了如何使用 PreparedStatement 完成数据的插入操作。

```java
import java.sql.*;
public class PreparedStatementDemo01 {
    private final static String DRIVER =
        "com.microsoft.jdbc.sqlserver.SQLServerDriver";
    private final static String URL =
        "jdbc:microsoft:sqlserver://localhost:1433;DatabaseName=userDB";
    private final static String USER = "sa";
    private final static String PASSWORD = "";
    public static void main(String[] args) throws Exception{
        Connection conn = null;
        PreparedStatement pstmt = null;
        String user_id = "080601";
        String name = "陈占伟";
        int age = 32;
        String phone = "13703946666";
        String address = "计算机科学系";
        String sql = "INSERT INTO tinfo(user_id,name,age,phone,
                address)" + "VALUES(?,?,?,?,?)";
        Class.forName(DRIVER);
        conn = DriverManager.getConnection(URL, USER, PASSWORD);
        pstmt = conn.prepareStatement(sql);        // 实例化 PreparedStatement
        pstmt.setString(1, user_id);
        pstmt.setString(2, name);
        pstmt.setInt(3, age);
        pstmt.setString(4, phone);
        pstmt.setString(5, address);
        pstmt.executeUpdate();                      // 执行数据库更新操作，不需要 SQL
        pstmt.close();
        conn.close();
    }
}
```

　　从程序中可发现，预处理就是使用"?"进行占位，每一个"?"对应一个具体的字段，在设置时，按照"?"的顺序设置即可。下面的示例代码演示了使用 PreparedStatement 进行模糊查询的方法，查询"name"字段或者"address"字段里包含"陈"的记录。

```java
import java.sql.*;
public class PreparedStatementDemo02 {
    private final static String DRIVER =
            "com.microsoft.jdbc.sqlserver.SQLServerDriver";
    private final static String URL =
            "jdbc:microsoft:sqlserver://localhost:1433;DatabaseName=userDB";
    private final static String USER = "sa";
    private final static String PASSWORD = "";
    public static void main(String[] args) throws Exception{
        Connection conn = null;
        PreparedStatement pstmt = null;
        ResultSet rs = null;
        String keyword = "陈";
        String sql = "SELECT user_id,name,age,phone,address"+"FROM
                tinfo WHERE name LIKE ? OR address LIKE ?";
        Class.forName(DRIVER);
        conn = DriverManager.getConnection(URL, USER, PASSWORD);
        pstmt = conn.prepareStatement(sql);       //实例化 PreparedStatement
        pstmt.setString(1, "%"+keyword+"%");
        pstmt.setString(2, "%"+keyword+"%");
        rs = pstmt.executeQuery();
        while (rs.next()) {
            String user_id = rs.getString(1);     // 取得 user_id 内容
            String name = rs.getString(2);         // 取得 name 内容
            int age = rs.getInt(3);                // 取得 age 内容
            String phone = rs.getString(4);        // 取得 phone 内容
            String address = rs.getString(5);      // 取得 address 内容
            // 输出满足条件的记录
            System.out.print(user_id+"\t");
            System.out.print(name+"\t");
            System.out.print(age+"\t");
            System.out.print(phone+"\t");
            System.out.println(address);
        }
        rs.close()
        pstmt.close();
        conn.close();
    }
}
```

　　开发中建议使用 PreparedStatement 完成操作，避免了 Statement 拼接 SQL 语句，也避免因输入非法字符而造成程序出错，也可避免引入 SQL 注入攻击威胁。

8.4.2　事务处理

所谓事务是用户定义的一组数据库操作序列，可以是一组 SQL 语句或者整个程序。事务具有原子性。数据库通过 commit 命令保证全部执行，如果出现异常通过 rollback 命令保证全部不执行。在 JDBC 中默认是自动提交的，如果要想进行事务处理，需要按照如下步骤完成。

（1）取消 Connection 中设置的自动提交方式"conn.setAutoCommit(false);"。

（2）如果批处理操作成功，则执行提交事务"conn.commit();"。

（3）如果操作失败，则肯定会引发异常，在异常处理中让事务回滚"conn.rollback();"。

本章小结

本章首先介绍了 JDBC 技术，然后重点介绍了 JDBC 的基本操作，包括各种常用接口的使用方法并举例说明，最后介绍了 JDBC 的部分高级操作。

习　题

8-1 Statement 接口中的哪个方法可以用于执行数据定义语言（　　　）。

  A．execute   B．addBatch

  C．executeUpdate   D．executeQuery

8-2 Connection 接口中的哪个方法用于获取 DatabaseMetaData 接口（　　　）。

  A．getMetaData   B．createStatement

  C．prepareStatement   D．prepareCall

8-3 下列哪个接口用于获取元数据（　　　）。

  A．Statement   B．PreparedStatement

  C．Connection   D．DatabaseMetaData

8-4 Connection 接口中的哪个方法用于设置事务自动提交（　　　）。

  A．commit   B．setAutoCommit

  C．getAutoCommit   D．rollback

8-5 列举并说明 JDBC 驱动的 4 种类型。

8-6 简述 JDBC 和 ODBC 的关系和异同。

第 9 章 Java 网络编程

本章内容：介绍基于 TCP、UDP 两种协议，使用套接字 Socket 类来实现进程间通信的网络编程，完成基于 C/S 模式的开发。

学习目标：

- 了解 TCP/IP 网络模型
- 了解套接字
- 了解如何使用 URL 定位网络资源
- 掌握 ServerSocket 类与 Socket 类的关系
- 了解客户端与服务器端的通信模式
- 了解如何将多线程机制应用在服务器开发上
- 了解 TCP 程序与 UDP 程序实现的区别

9.1 网络基础

网络程序设计就是开发为用户提供网络服务的实用程序，例如网络通信、股票行情、新闻资讯等。Java 网络通信可以使用 TCP、HTTP、UDP 等协议。下面先介绍网络相关知识。

9.1.1 TCP/IP 网络模型

TCP/IP 已成为 Internet 上通信的标准，TCP/IP 参考模型只有四层。这四个层次从下往上依次是网络接口层、网际层、传输层和应用层。

网络接口层：网络接口层包括用于协作 IP 数据在已有网络介质上传输的协议。实际上 TCP/IP 标准并不定义与 ISO 数据链路层和物理层相对应的功能。相反，它定义像地址解析协议（Address Resolution Protocol，ARP）这样的协议，提供 TCP/IP 协议的数据结构和实际物理硬件之间的接口。

网际层：网际层对应于 OSI 七层参考模型的网络层。本层包含 IP 协议、RIP 协议（Routing Information Protocol，路由信息协议），负责数据的包装、寻址和路由。同时还包含网间控制报文协议（Internet Control Message Protocol，ICMP）用来提供网络诊断信息。

传输层：传输层对应于 OSI 七层参考模型的传输层，它提供两种端到端的通信服务。其中 TCP 协议（Transmission Control Protocol）提供可靠的数据流传输服务，UDP 协议（User Datagram Protocol）提供不可靠的用户数据包传输服务。

应用层：应用层对应于 OSI 七层参考模型的应用层和表达层。因特网的应用层协议包括 Finger、Whois、FTP（文件传输协议）、Gopher、HTTP（超文本传输协议）、Telnet（远程终端协议）、SMTP（简单邮件传送协议）、IRC（因特网中继会话）和 NNTP（网络新闻传输协议）等。

9.1.2 IP 地址与 InetAddress 类

互联网上的每一台计算机都有一个唯一标记，这个标记就是 IP 地址。在 Windows 操作系统中，用户可以通过【网上邻居】→【属性】→【Internet 协议（TCP/IP）】进入设置界面方便地设置每一台电脑的 IP 地址。

IP 地址使用 32 位长度的二进制数据来表示，一般在实际中看到的大部分 IP 地址都是以十进制的数据形式表示的，如：192.168.12.3。

IP 地址分类中 127.X.X.X 是保留地址，用做循环测试，在开发中经常使用 127.0.0.1 表示本机的 IP 地址。

在 Java 中提供了专门的网络开发程序包 java.net，InetAddress 类就是其中的类。InetAddress 类主要表示 IP 地址，这个类有 2 个子类：Inet4Address、Inet6Address，分别表示 IPv4 和 IPv6。InetAddress 类的常用方法如表 9-1 所示。

表 9-1　InetAddress 类的常用方法

序号	方法	描述
1	public static InetAddress getByName(String host) throws UnknownHostException	通过主机名得到 InetAddress 对象
2	public static InetAddress getLocalHost() throws UnknownHostException	通过本机得到 InetAddress 对象
3	public boolean isReachable(int timeout) throws IOException	判断地址是否可达，同时指定超时时间
4	public String getHostName()	得到 IP 地址

下面的示例代码用来测试 IP 地址在"192.168.1.100"至"192.168.1.119"范围内的所有可访问的主机的名称。可根据网络连接情况适当调整 isReachable()方法中的超时时间。

```java
import java.io.IOException;
import java.net.*;
public class IPAddressDemo {
public static void main(String[] args) {
        String IP = null;
        for (int i = 100; i < 120; i++) {
            IP = "192.168.1." + i ;             // 生成 IP 字符串
            try {
                InetAddress host ;
                host = InetAddress.getByName(IP);         // 获取 IP 对象
                if (host.isReachable(1000)) {             // 1s 时间测试 IP 是否可达
                    String hostName = host.getHostName();
                    System.out.println("IP 地址：" + IP + "\t 主机名是：" + hostName);
                }
            } catch (UnknownHostException e) {            // 捕获未知主机异常
                e.printStackTrace();
```

```
        } catch (IOException e) {                        // 捕获输入输出异常
            e.printStackTrace();
        } finally{
            System.out.println("搜索完毕。");
        }
      }
    }
}
```

9.1.3 套接字

套接字是通信的基石，是支持 TCP/IP 协议的网络通信的基本操作单元。可以将套接字看作不同主机间的进程进行双向通信的端点，它构成了单个主机内及整个网络间的编程接口。套接字通常和同一个域中的套接字交换数据。

套接字之间的连接过程可以分为 3 个步骤：服务器监听、客户端请求和连接确认。

服务器监听是指服务器端套接字并不定位具体的客户端套接字，而是处于等待连接的状态，实时监控网络状态。

客户端请求是指由客户端的套接字提出连接请求，要连接的目标是服务器端的套接字。

连接确认是指当服务器端套接字监听到或者接收到客户端套接字的连接请求，就响应客户端套接字的请求，建立一个新的线程，把服务器端套接字的描述发给客户端，一旦客户端确认了此描述，连接就建立好了。而服务器端套接字继续处于监听状态，继续接收其他客户端套接字的连接请求。

9.2 UDP 协议网络程序

9.2.1 概述

UDP（User Datagram Protocol）是一种无连接、不可靠的协议，每个数据包都是一个独立的信息，包括完整的源地址或目的地址，它在网络上以任何可能的路径传往目的地，因此能否到达目的地、到达目的地的时间以及内容的正确性都无法保证。使用 UDP 传输数据是有大小限制的，每个被传输的数据包必须限定在 64KB 之内。在 java.net 包中提供了两个类 DatagramSocket 和 DatagramPacket，用来支持数据包通信。DatagramSocket 用于在程序间建立传送数据包的通信连接，DatagramPacket 则用来表示一个数据包。DatagramPacket 类的常用方法如表 9-2 所示。

表 9-2 DatagramPacket 类的常用方法

序号	方法	描述
1	public InetAddress getAddress()	返回发送或者接收数据包的主机地址
2	public byte[] getData()	返回数据包内容
3	public int getLength()	返回接收或者发送的数据长度
4	public int getPort()	返回发送或者接收数据包的远程主机端口

序号	方法	描述
5	public void setAddress(InetAddress iaddr)	设置发送或者接收数据包的主机地址
6	public void setData(byte[] buf)	设置数据包内容
7	public void setLength(int length)	设置接收或者发送的数据长度
8	public void setPort(int iport)	设置发送或者接收数据包的远程主机端口

DatagramSocket 类的常用方法如表 9-3 所示。

表 9-3　DatagramSocket 类的常用方法

序号	方法	描述
1	public void connect(InetAddress address, int port)	建立套接字连接
2	public void disconnect()	断开套接字连接
3	public InetAddress getInetAddress()	返回已连接套接字的地址
4	public InetAddress getLocalAddress()	返回套接字绑定的本地地址
5	public int getLocalPort()	返回套接字绑定的本地端口
6	public int getPort()	返回已连接套接字的端口
7	public void receive(DatagramPacket p) throws IOException	接收数据包
8	public void send(DatagramPacket p) throws IOException	发送数据包

9.2.2　创建 UDP 服务器端程序

本节将使用 DatagramSocket 和 DatagramPacket 类创建一个 UDP 服务器端程序。服务器端接收客户端发出来的数据包（代表客户端发出请求），由接收的数据包获得客户端的 IP 地址和端口号。然后将服务器端的当前时间以数据包的形式发给客户端。当超过 10 个客户端请求后，服务器端自动关闭。

```java
import java.io.IOException;
import java.net.*;
import java.text.SimpleDateFormat;
import java.util.Date;
public class UDPServer {
    private DatagramSocket socket = null;
    private int counter = 1;
    public UDPServer() throws IOException {
        socket = new DatagramSocket(9080);
}
    public void run() {
        SimpleDateFormat ft = new SimpleDateFormat("yyyy-MM-dd HH:mm:ss");
        try {
            do {
```

```
            byte[] buf = new byte[19];
            DatagramPacket packet = new DatagramPacket(buf, buf.length);
            socket.receive(packet);
            String time = ft.format(new Date());
            buf = time.getBytes();
            InetAddress address = packet.getAddress();
            int port = packet.getPort();
            packet = new DatagramPacket(buf, buf.length, address, port);
            socket.send(packet);
        } while (counter < 10);
    } catch (IOException e) {
        e.printStackTrace();
    }
    socket.close();
}
public static void main(String[] args) {
    try {
        System.out.println("服务器端已经启动!");
        new UDPServer().run();
        System.out.println("服务器端已经关闭! ");
        System.exit(0);
    } catch (IOException e) {
        e.printStackTrace();
    }
}
}
```

9.2.3 创建 UDP 客户端程序

本节将使用 DatagramSocket 和 DatagramPacket 类创建一个 UDP 客户端程序。客户端首先发送请求数据包（空的数据包），然后等待接收服务器端回传的带有服务器当前时间的数据包。显示服务器端发送时的时间之后关闭连接。

```
import java.io.IOException;
import java.net.DatagramPacket;
import java.net.DatagramSocket;
import java.net.InetAddress;
import java.net.SocketException;
import java.net.UnknownHostException;
public class UDPClient {
    private DatagramSocket socket = null;
    private String serverIP = "127.0.0.1";
    public UDPClient() throws SocketException {
        socket = new DatagramSocket();
    }
    public void setServerIP(String serverIP) {
        this.serverIP = serverIP;
```

```
        }
    public void run() {
        try {
            byte[] buf = new byte[19];
            InetAddress address = InetAddress.getByName(serverIP);
            DatagramPacket packet = new DatagramPacket(buf,
                    buf.length,address, 9080);
            socket.send(packet);
            packet = new DatagramPacket(buf, buf.length);
            socket.receive(packet);
            String received = new String(packet.getData());
            System.out.println("服务器端时间:" + received);
            socket.close();
        } catch (UnknownHostException e) {
            e.printStackTrace();
        } catch (SocketException e) {
            e.printStackTrace();
        } catch (IOException e) {
            e.printStackTrace();
        }
    }
    public static void main(String[] args) {
        try {
            System.out.println("客户端启动，请求获取服务器当前时间的信息...");
            new UDPClient().run();
            System.out.println("客户端已获得服务器当前时间，自动关闭！ ");
        } catch (SocketException e) {
            e.printStackTrace();
        }
    }
}
```

9.3　TCP 协议网络程序

9.3.1　概述

TCP 是 Transmission Control Protocol 的简称，是一种面向连接的保证可靠传输的协议。通过 TCP 协议传输，得到的是一个顺序的无差错的数据流。发送方和接收方的成对的两个套接字之间必须建立连接，一旦两个套接字连接起来，它们就可以进行双向数据传输，双方都可以进行发送或接收操作。与 UDP 不同，TCP 对传输数据的大小没有限制。在 java.net 包中提供两个类 Socket 和 ServerSocket，分别用来表示双向连接的客户端和服务器端。Socket 类的常用方法如表 9-4 所示。

表 9-4　Socket 类的常用方法

序号	方法	描述
1	public InetAddress getInetAddress()	返回套接字连接的主机地址
2	public InetAddress getLocalAddress()	返回套接字绑定的本地地址
3	public InputStream getInputStream() throws IOException	获得该套接字的输入流
4	public int getLocalPort()	返回套接字绑定的本地端口
5	public int getPort()	返回套接字连接的远程端口
6	public OutputStream getOutputStream() throws IOException	返回该套接字的输出流
7	public int getSoTimeout() throws SocketException	返回该套接字最长等待时间
8	public void send(DatagramPacket p) throws IOException	发送数据包
9	public void shutdownInput() throws IOException	关闭输入流
10	public void shutdownOutput() throws IOException	关闭输出流
11	public void close() throws IOException	关闭套接字

ServerSocket 类的常用方法如表 9-5 所示。

表 9-5　ServerSocket 类的常用方法

序号	方法	描述
1	public Socket accept() throws IOException	监听并接受客户端 Socket 连接
2	public InetAddress getInetAddress()	返回服务器套接字连接的远程地址
3	public int getLocalPort()	返回该套接字监听的端口
4	public int getSoTimeout() throws SocketException	返回该套接字最长等待时间
5	public void setSoTimeout(int timeout) throws SocketException	设置该套接字最长等待时间
6	public void close() throws IOException	关闭套接字

9.3.2　创建 TCP 服务器端程序

本节将使用 ServerSocket 类创建一个 TCP 服务器端程序。

使用 ServerSocket 监听 9080 端口，等待客户端的连接请求，有客户端建立连接后，接收客户端的信息，然后断开与客户端的连接。当客户端连接次数超过 10 次后，关闭服务器端套接字。

```java
import java.io.*;
import java.net.*;
public class ServerSocketDemo {
    private ServerSocket ss;
    private Socket socket;
```

```java
    private BufferedReader in;
    private int counter = 1;
    public void run() throws Exception{
        ss = new ServerSocket(9080);
        do {
                socket = ss.accept();
                in = new BufferedReader(new InputStreamReader(socket
                    .getInputStream()));
                String message = in.readLine();
                System.out.println("接收到客户端" + counter + "发送的消息:" + message);
                in.close();
                socket.close();
                counter++;
        } while (counter < 10);
            ss.close();
    }
    public static void main(String[] args) throws Exception {
        ServerSocketDemo demo = new ServerSocketDemo();
        System.out.println("服务器端已经启动!");
        demo.run();
        System.out.println("服务器端已经关闭! ");
        System.exit(0);
    }
}
```

9.3.3 创建 TCP 客户端程序

本节将使用 Socket 类创建一个 TCP 客户端程序。

使用 Socket 连接到地址为 127.0.0.1 的服务器端，端口为 9080。输入一条要发送到服务器端的信息，发送后如果套接字没有关闭，则关闭套接字。

```java
import java.io.*;
import java.net.*;
public class ServerSocketDemo {
    private ServerSocket ss;
    private Socket socket;
    private BufferedReader in;
    private int counter = 1;
    public void run()throws Exception {
        ss = new ServerSocket(9080);
        do {
            socket = ss.accept();
            in = new BufferedReader(new InputStreamReader(socket
                        .getInputStream()));
            String message = in.readLine();
            System.out.println("接收到客户端" + counter + "发送的消息:" + message);
            in.close();
            socket.close();
```

```
                counter++;
            } while (counter < 10);
                ss.close();
        }
    }
        public static void main(String[] args) throws Exception {
            ServerSocketDemo demo = new ServerSocketDemo();
            System.out.println("服务器端已经启动!");
            demo.run();
            System.out.println("服务器端已经关闭! ");
            System.exit(0);
        }
    }
```

9.4　HTTP 协议网络程序

9.4.1　概述

HTTP 是一个属于应用层的面向对象的协议，由于其简捷、快速，适用于分布式超媒体信息系统。

9.4.2　URL 类

URL（Uniform Resource Locator）是统一资源定位器的简称，它表示 Internet 上某一资源的地址，可以用来访问 Internet 上的各种网络资源。

URL 的格式为：协议名://资源名

其中协议名为获取资源所使用的传输协议，如 http、ftp、file 等。资源名则包括主机名、端口号和文件名。在 Java 中有一个与 URL 同名的类用来表示 URL，它存在于 java.net 包中。URL 类的常用方法如表 9-6 所示。

表 9-6　URL 类的常用方法

序号	方法	描述
1	public URL(String spec) throws MalformedURLException	构造方法，根据指定的地址实例化 URL 对象
2	public URL(String protocol,String host, int port,String file,URLStreamHandler handler) throws MalformedURLException	构造方法，实例化 URL 对象，并指定协议、主机名、端口号和资源文件
3	public URLConnection openConnection() throws IOException	取得一个 URLConnection 对象
4	public final InputStream openStream() throws IOException	取得输入流

URL 类中定义了一些方法用来解析 URL。如：用于获取该 URL 的协议名的 getProtocol

方法；用于获取该 URL 的主机名的 getHost 方法；用于获取该 URL 的端口号的 getPort 方法；用于获取该 URL 的文件名的 getFile 方法等。

下面的示例代码演示了如何构造和解析 URL 对象。

```java
import java.net.MalformedURLException;
import java.net.URL;
public class URLDemo {
    public static void main(String[] args) throws Exception {
        URL url = null;
        url = new URL("http://www.url.org:8080/demo/info/");
        if (url != null) {
            System.out.println("协议名为" + url.getProtocol());
            System.out.println("主机名为" + url.getHost());
            System.out.println("文件名为" + url.getFile());
            System.out.println("端口号为" + url.getPort());
        }
    }
}
```

除此之外，还可以通过 URL 类中定义的 openStream 方法获得 InputStream 流从而读取数据。示例代码如下。

```java
import java.io.*;
import java.net.URL;
public class URLStream {
    public static void main(String[] args) throws Exception {
        URL url= new URL("http://www.microsoft.com/");
        BufferedReader in = new BufferedReader(new
            InputStreamReader(url.openStream()));
        String inputLine;
        while ((inputLine = in.readLine()) != null)
            System.out.println(inputLine);
            in.close();
    }
}
```

执行结果将返回 www.microsoft.com 对应页面的 html 代码。

9.4.3　URLConnection 类

在 java.net 包中还有一个 URLConnection 类，它通过 URL 类的 openConnection 方法获得。通过这个类不仅可以实现上一个例子中读取网上的数据，还可以输出数据。由于方法太多就不在此一一赘述了，感兴趣的读者可以参阅 JDK 相关文档。这里只给出一个简单的例子说明其主要方法的使用。

```java
import java.io.IOException;
import java.net.URL;
```

```java
import java.net.URLConnection;
import java.util.Iterator;
import java.util.Map;
import java.util.Set;
public class URLConnectionDemo {
public static void main(String[] args) throws Exception {
        URL url = new URL("http://www.microsoft.com/");
        URLConnection conn = url.openConnection();
        System.out.println("ConnectTimeout:"+ conn.getConnectTimeout());
        System.out.println("ReadTimeout:"+conn.getReadTimeout());
        System.out.println("ContentType"+conn.getContentType());
        System.out.println("HeaderField Detail:");
        Map map = conn.getHeaderFields();
        Set set = map.entrySet();
        Iterator it = set.iterator();
        while(it.hasNext()){
            Map.Entry me = (Map.Entry)it.next();
            System.out.println(me.getKey()+" "+me.getValue());
        }
    }
}
```

本章小结

本章首先介绍了 OSI 和 TCP/IP 网络模型，以及套接字这个重要的概念。然后用三节的内容分别介绍了基于 UDP、TCP 和 HTTP 协议基本的网络编程方法。

习　题

9-1 下列哪个类用于在程序之间建立传送数据包的通信连接（　　　　）。

A．DatagramPacket　　　　　　　B．DatagramSocket

C．Socket　　　　　　　　　　　　D．ServerSocket

9-2 下列哪个类用来表示一个数据包（　　　）。

A．DatagramPacket　　　　　　　B．DatagramSocket

C．Socket　　　　　　　　　　　　D．ServerSocket

9-3 下列哪个类用来表示 TCP 客户端套接字（　　　　）。

A．DatagramPacket　　　　　　　B．DatagramSocket

C．Socket　　　　　　　　　　　　D．ServerSocket

9-4 下列哪个类用来表示 TCP 服务器端套接字（　　　　）。

A．DatagramPacket　　　　　　　B．DatagramSocket

C．Socket　　　　　　　　　　　　D．ServerSocket

9-5　下列哪个类提供了检查 HTTP 头的方法（　　　　）。

　　A．URL　　　　　　　　　　B．URLConnection

　　C．Socket　　　　　　　　　　D．ServerSocket

9-6　简述 UDP 和 TCP 协议的异同。

9-7　简述基于 TCP 协议下的客户/服务器端套接字工作原理。

第 10 章　Java 图形界面

本章内容：介绍 Java 图形用户界面（Graphical User Interface，GUI）设计。Java GUI 编程的主要特征是图形界面框架、图形界面对象的布局及图形界面对象的事件响应。本章将重点介绍 Swing 图形界面设计。

学习目标：

- 了解 AWT 与 Swing 的关系
- 掌握组件、容器、布局管理器的概念
- 了解 JFrame、JPanel 等常见容器
- 了解 JLabel、JButton 组件
- 了解文本框组件、密码框组件、文本域组件的使用
- 了解事件处理的作用及实现机制
- 了解菜单组件及使用
- 了解文件选择组件及使用

10.1　AWT 与 Swing 简介

10.1.1　AWT 简介

AWT（Abstract Window Toolkit）是抽象窗口工具包的缩写，主要功能包括用户界面组件、事件处理模型、图形和图像工具、布局管理器和数据传送类。

AWT 主要涉及 java.awt 包，提供了图形用户界面设计所使用的类和接口。提供的工具类主要包括如下 3 种：

（1）组件即 Component：图形界面中的一个个按钮、标签、菜单等就叫组件。

（2）容器即 Container：所有的 AWT 组件都放在容器中，并可以设置其位置、大小等。

（3）布局管理器即 LayoutManager：可以使容器中的组件按照指定的位置进行摆放。

10.1.2　Swing 简介

与 AWT 的重量级组件相比，Swing 组件被称作轻量级组件，这些组件没有本地的对等组件，是由纯 Java 实现的，所以它们也不依赖于操作系统。由于抛弃了基于本地对等组件的同位体体系结构，Swing 不但在不同的平台上表现一致，而且还提供了本地组件不支持的特性。使用 Swing 开发图形界面，所有的组件、容器和布局管理器都在 javax.swing 包中。

10.1.3　容器简介

组件不能独立地显示出来，必须将组件放在一定的容器中才可以显示，它不仅可以容纳

组件也可以容纳容器。实际上容器是一种特殊的组件,具有组件的所有性质,但是它的主要功能是容纳其他组件和容器。

java.awt.Container 类是 java.awt.Component 的子类,一个容器可以容纳多个组件,并使它们成为一个整体。所有的容器都可以通过 add()方法向容器中添加组件。有 3 种类型的容器:Window、Panel、ScrollPane,常用的有 Panel、Frame 等。

10.2　创建窗体

在开发 Java 应用程序时,通常利用 JFrame 类来创建窗体。利用 JFrame 类创建的窗体分别包含一个标题、最小化按钮、最大化按钮和关闭按钮。JFrame 类提供了一系列用来设置窗体的方法,常用的方法如表 10-1 所示。

表 10-1　JFrame 类的常用操作方法

序号	方法	描述
1	public JFrame() throws HeadlessException	构造一个不可见的窗体对象
2	public JFrame(String title) throws HeadlessException	构造一个带标题的窗体对象
3	public void setSize(int width, int height)	设置窗体大小
4	public void setSize(Dimension d)	通过Dimension设置窗体大小
5	public void setBackground(Color c)	设置窗体的背景色
6	public void setLocation(int x, int y)	设置组件类的显示位置
7	public void setBounds(int x,int y,int width, int height)	设置组件类的显示位置及大小
8	public void setLocation(Point p)	通过 Point 设置组件显示位置
9	public void setVisible(boolean b)	显示或隐藏组件
10	public Component add(Component comp)	向容器中增加组件
11	public void setLayout(LayoutManager manager)	设置布局管理器,若为 null 则不设置
12	public Container getContentPane()	返回此窗体的容器对象

下面的示例代码演示了如何使用以上方法来创建一个新窗体。

```java
import java.awt.Color;
import javax.swing.JFrame;
public class JFrameDemo01 {
    public static void main(String[] args) {
        JFrame f = new JFrame("第一个 Swing 窗体");        // 实例化窗体对象
        f.setSize(230, 160);                              // 设置窗体大小
        f.setBackground(Color.WHITE);                     // 设置窗体的背景颜色
        f.setLocation(300, 200);                          // 设置窗体的显示位置
        f.setVisible(true);                               // 让组件可见
        //设置关闭按钮的动作为关闭窗体
        f.setDefaultCloseOperation(JFrame.EXIT_ON_CLOSE);
    }
}
```

在利用 JFrame 类创建窗体时，必须在最后设置为可见，默认情况下窗体不可见。为了让窗体的关闭按钮可用，必须设置关闭按钮可用。否则需要使用 Ctrl+C 组合键退出程序。

也可以通过继承 JFrame 类的方法来创建窗体，示例代码如下。

```
import java.awt.Container;
import javax.swing.JFrame;
public class JFrameDemo02 extends JFrame {
    public JFrameDemo02(){
        createUserInterface();
    }
    public void createUserInterface(){
        Container contentPane = getContentPane();          // 取得窗体的容器
        contentPane.setLayout( null );                     // 不使用任何布局管理器
        setTitle("第一个 Swing 窗体");                       // 设置窗体的标题
        setBounds(300, 200, 230, 160);                     // 设置窗体显示位置和大小
        setVisible(true);                                  // 让组件可见
    }
    public static void main(String[] args) {
        JFrameDemo02 frame = new JFrameDemo02();
        frame.setDefaultCloseOperation(JFrame.EXIT_ON_CLOSE);
    }
}
```

请读者自行测试程序运行结果。

10.3　标签组件：JLabel

JLabel 组件表示的是一个标签，本身是用来显示信息的，一般情况下不能更改其显示内容。创建完的 JLabel 对象可以通过容器类 Container 类中的 add()方法加入到容器中，JLabel 类的常用方法和常量如表 10-2 所示。

表 10-2　JLabel 类的常用方法和常量

序号	方法及常量	类型	描述
1	public static final int LEFT	常量	标签文本左对齐
2	public static final int RIGHT	常量	标签文本右对齐
3	public static final int CENTER	常量	标签文本居中对齐
4	public JLabel()	构造函数	创建一个 JLabel 对象
5	public JLabel(String text)	构造函数	创建一个指定文本内容的 JLabel 对象，默认左对齐
6	public JLabel(String text, int Alignment)	构造函数	创建一个指定文本内容和对齐方式的 JLabel 对象
7	public JLabel(String text,Icon icon, int horizontalAlignment)	构造函数	创建具有指定文本、图像和水平对齐方式的 JLabel 对象
8	public void setText(String text)	普通	设置标签的文本
9	public String getText()	普通	取得标签的文本
10	public void setIcon(Icon icon)	普通	设置指定的图像
11	public void setAlignment(int alignment)	普通	设置标签的对齐方式

下面是使用标签的示例代码。

```java
import java.awt.*;
import javax.swing.*;
public class JLabelDemo01 {
    public static void main(String[] args) {
        JFrame f = new JFrame("JLabel 示例窗体");        // 实例化窗体对象
        // 实例化对象，居中对齐
        JLabel label = new JLabel("周口师范学院",JLabel.CENTER);
        f.add(label);                                    // 向容器中加入标签组件
        Dimension dim = new Dimension();                 // 实例化对象
        dim.setSize(230, 160);                           // 设置大小
        f.setSize(dim);                                  // 设置组件大小
        f.setBackground(Color.WHITE);                    // 设置窗体的背景颜色
        Point point = new Point(300, 200);               // 设置显示的坐标点
        f.setLocation(point);                            // 设置窗体的显示位置
        f.setVisible(true);                              // 让组件可见
        //设置关闭按钮关闭窗体
        f.setDefaultCloseOperation(JFrame.EXIT_ON_CLOSE);
    }
}
```

程序运行结果如下：

上例的标签内容只是使用了默认的字体及颜色显示，如果要更改使用的字体，则可以直接使用 java.awt.Font 类来实现。常用方法如下：

```java
protected Font(Font font) // 设置字体
public Font(String name,int style,int size)
```

根据指定名称、样式和大小，创建一个新 Font。示例代码如下。

```java
import java.awt.*;
import javax.swing.*;
public class JLabelDemo02 {
    public static void main(String[] args) {
        JFrame f = new JFrame("JLabel 示例窗体");   // 实例化窗体对象
        JLabel lab = new JLabel("周口师范学院");     // 实例化对象
        lab.setBounds(0, 0, 100, 100);              // 设置标签的显示位置和大小
        // 设置文本的字体和大小
        lab.setFont(new Font("Serief",Font.BOLD+Font.ITALIC,23));
        lab.setHorizontalAlignment(Label.LEFT);     // 设置水平对齐方式
        lab.setForeground(Color.RED);               // 设置标签的文字颜色
        f.add(lab);                                 // 向容器中加入组件
```

```
        Dimension dim = new Dimension();              // 实例化对象
        dim.setSize(230, 160);                        // 设置大小
        f.setSize(dim);                               // 设置组件大小
        f.setBackground(Color.WHITE);                 // 设置窗体的背景颜色
        Point point = new Point(300, 200);            // 设置显示的坐标点
        f.setLocation(point);                         // 设置窗体的显示位置
        f.setVisible(true);                           // 让组件可见
        //设置关闭按钮关闭窗体
        f.setDefaultCloseOperation(JFrame.EXIT_ON_CLOSE);
    }
}
```

程序运行结果如下:

在 JLabel 中可以设置图片,直接使用 Icon 接口以及 ImageIcon 子类即可。ImageIcon 类的构造方法如表 10-3 所示。

表 10-3　ImageIcon 类的构造方法

序号	构造方法	描述
1	public ImageIcon(String filename)	通过图片文件创建对象
2	public ImageIcon(String filename, String description)	通过图片文件及图片的描述创建对象
3	public ImageIcon(byte[] imageData)	通过保存图片信息的 byte 数组

下面的示例代码演示了如何从文件中读取图片并在标签上显示。

```
import java.awt.Color;
import java.io.File;
import javax.swing.*;
public class JLabelDemo03 {
    public static void main(String[] args) {
        JFrame f = new JFrame("JLabel 图像示例窗体");    // 实例化窗体对象
        //Icon icon = new ImageIcon("China.png");
        String picPath = "d:" + File.separator +"China.png";
        Icon icon = new ImageIcon(picPath);              // 实例化 Icon 对象
        // 实例化标签对象
        JLabel label = new JLabel("国旗",icon,JLabel.CENTER);
        label.setBackground(Color.YELLOW);               // 设置背景颜色
        label.setForeground(Color.RED);                  // 设置标签的文字颜色
        f.add(label);                                    // 向容器中加入组件
```

```
        f.setSize(260, 160);                          // 设置大小
        f.setBackground(Color.WHITE);                 // 设置窗体的背景颜色
        f.setLocation(300, 200);                      // 设置窗体的显示位置
        f.setVisible(true);                           // 让组件可见
        //设置关闭按钮关闭窗体
        f.setDefaultCloseOperation(JFrame.EXIT_ON_CLOSE);
    }
}
```

程序运行结果如下：

程序中直接通过文件名实例化 ImageIcon 对象时（如程序中注释的语句），文件的路径应放在 Eclipse 的项目的根目录下，否则找不到该文件。另外，如果图像来自一个不确定输入流（如从数据库中读取 BLOB 字段），则需要通过 InputStream 来完成操作。

10.4 按钮组件：JButton

JButton 组件表示一个普通的按钮，使用此类可以直接在窗体中增加一个按钮。JButton 类常用的方法如表 10-4 所示。

表 10-4 JButton 类的常用方法

序号	方法	描述
1	public JButton()	构造一个 JButton 对象
2	public JButton(String text)	创建一个带文本的按钮
3	public JButton(Icon icon)	创建一个带图标的按钮
4	public JButton(String text,Icon icon)	创建带初始文本和图标的按钮
5	public void setMnemonic(int mnemonic)	设置按钮的快捷键
6	public void setText(String text)	设置 JButton 的显示内容

JButton 组件只是在按下和释放两个状态之间进行切换，可以通过捕获按下并释放的动作执行一些操作，从而完成和用户的交互。下面的示例代码演示了如何创建一个按钮。

```
import javax.swing.Icon;
import javax.swing.ImageIcon;
import javax.swing.JButton;
import javax.swing.JFrame;
public class JButtonDemo {
```

```
    public static void main(String[] args) {
        JFrame f = new JFrame("JButton 示例窗体");      // 实例化窗体对象
        f.setLayout(null);                              // 不使用布局管理器
        JButton b1 = new JButton();                     // 定义按钮对象
        b1.setText("按我");                             // 设置按钮的显示文本
        b1.setBounds(0, 30, 100, 30);                   // 设置按钮的位置及大小
        Icon icon = new ImageIcon("China.png");         // 实例化 Icon 对象
        JButton b2 = new JButton(icon);                 // 定义按钮对象
        b2.setBounds(110, 10, 130, 100);                // 设置按钮的位置及大小
        f.add(b1);                                      // 向容器中加入组件
        f.add(b2);                                      // 向容器中加入组件
        f.setSize(260, 160);                            // 设置大小
        f.setLocation(300, 200);                        // 设置窗体的显示位置
        f.setVisible(true);                             // 让组件可见
        //设置关闭按钮关闭窗体
        f.setDefaultCloseOperation(JFrame.EXIT_ON_CLOSE);
    }
}
```

程序运行结果如下：

从以上代码可以发现，为一个按钮设置一张显示图片的方法与 JLabel 类似。

10.5　JPanel 容器

JPanel 容器是一种常用的容器，可以使用 JPanel 完成各种复杂的界面显示。在 JPanel 中可以加入任意的组件，然后可直接将 JPanel 容器加入到 JFrame 容器中。

下面的示例代码演示了 JPanel 容器的基本使用方法。

```
import javax.swing.*;
public class JPanelDemo {
    public static void main(String[] args) {
        JFrame f = new JFrame("JPanel 示例");           // 实例化窗体对象
        JPanel p = new JPanel();                        // 实例化 JPanel 对象
        p.add(new JLabel("标签-A"));
        p.add(new JLabel("标签-B"));
        p.add(new JLabel("标签-C"));
        p.add(new JButton("按钮-X"));
        p.add(new JButton("按钮-Y"));
```

```
p.add(new JButton("按钮-Z"));
f.add(p);
f.pack();                                // 根据组件自动调整窗体大小
f.setSize(130, 100);                     // 设置大小
f.setLocation(300, 200);                 // 设置窗体的显示位置
f.setVisible(true);                      // 让窗体可见
//设置关闭按钮关闭窗体
f.setDefaultCloseOperation(JFrame.EXIT_ON_CLOSE);
    }
  }
```

从以上代码可发现所有的组件采用顺序的形式加入到 JPanel 中，最后再将 JPanel 加入到 JFrame 中。JPanel 结合布局管理器可以更加方便地管理组件。

10.6   布局管理器

每个容器都有自己的布局管理器，用来对容器内的组件进行定位、设置大小和排列顺序等。使用布局管理器是为了使生成的图形用户界面具有良好的平台无关性。所以建议使用布局管理器来管理容器内组件的布局和大小。不同的布局管理器使用不同算法和策略，容器可以通过选择不同的布局管理器来决定布局。

布局管理器主要包括：FlowLayout、BorderLayout、GridLayout、CardLayout。而之前使用的 setBounds(int x,int y,int width,int height)是通过设置绝对坐标的方式来完成的，称为绝对定位。

注意：布局管理器是实现图形用户界面平台无关性的关键。

10.6.1   FlowLayout

FlowLayout 属于流式布局管理器，它的布局方式是首先在一行上排列组件，当该行没有足够的空间时，则换行排列。下面的示例代码演示了 FlowLayout 的设置方法。

```
import java.awt.FlowLayout;
import javax.swing.JButton;
import javax.swing.JFrame;
public class FlowLayoutDemo {
    public static void main(String[] args) {
        JFrame f = new JFrame("FlowLayout 示例");        // 实例化窗体对象
        // 设置窗体的布局管理器为 FlowLayout，所有组件居中对齐，水平和垂直间距为 3
        f.setLayout(new FlowLayout(FlowLayout.CENTER,3,3));
        JButton b = null;
        for (int i = 0; i < 8; i++) {
            b = new JButton("按钮-"+ i);
            f.add(b);
        }
        f.setSize(230, 130);                             // 设置大小
        f.setLocation(300, 200);                         // 设置窗体的显示位置
        f.setVisible(true);                              // 让组件可见
```

```
//设置关闭按钮关闭窗体
            f.setDefaultCloseOperation(JFrame.EXIT_ON_CLOSE);
        }
    }
```

程序运行结果如下：

从程序运行结果可以发现，所有的组件按照顺序依次排列，每个组件之间的间距是 3，居中对齐。

10.6.2　BorderLayout

BorderLayout 将一个窗体的版面划分成东、西、南、北、中五个区域，可以将需要的组件放到这 5 个区域中，BorderLayout 是 JFrame 窗体的默认布局管理器，如图 10-1 所示。

图 10-1　BorderLayout 布局方式

如果组件容器采用了边界布局管理器，在将组件添加到容器时，则需要设置组件的显示位置，再通过方法 add()添加。下面的示例代码演示了 BorderLayout 管理器的使用方法。

```
import java.awt.BorderLayout;
import javax.swing.*;
public class BorderLayoutDemo {
    public static void main(String[] args) {
        JFrame f = new JFrame("BorderLayout 示例");        // 实例化窗体对象
        // 设置窗体的布局管理器为 BorderLayout，所有组件水平和垂直间距为 3
        f.setLayout(new BorderLayout(3,3));
        f.add(new JButton("东(EAST)"), BorderLayout.EAST);
        f.add(new JButton("西(WEST)"), BorderLayout.WEST);
        f.add(new JButton("南(SOUTH)"), BorderLayout.SOUTH);
        f.add(new JButton("北(NORTH)"), BorderLayout.NORTH);
        f.add(new JButton("中(CENTER)"), BorderLayout.CENTER);
        f.pack();                                // 根据组件自动调整窗体大小
        f.setSize(300, 160);                     // 设置大小
```

```
        f.setLocation(300, 200);            // 设置窗体的显示位置
        f.setVisible(true);                 // 让组件可见
        //设置关闭按钮关闭窗体
        f.setDefaultCloseOperation(JFrame.EXIT_ON_CLOSE);
    }
}
```

程序运行结果如下：

10.6.3 GridLayout

GridLayout 称为网格布局管理器，它的布局方式是将容器按照用户的设置平均划分为若干网格，以表格的形式进行管理，在使用此布局管理器时必须设置显示的行数和列数。下面的示例代码通过实现计算器按键面板来演示 GridLayout 管理器的使用方法。

```java
import java.awt.GridLayout;
import javax.swing.*;
public class GridLayoutDemo {
    public static void main(String[] args) {
        JFrame f = new JFrame("计算器面板示例"); // 实例化窗体对象
        //设置窗体布局管理器为 GridLayout，按 4×4 进行排列，所有组件水平和垂直间距为 3
        f.setLayout(new GridLayout(4,4,3,3));
        String[][] names = {{"1","2","3","+"},{"4","5","6","-"},
                {"7","8","9","*"},{".","0","=","/"}};
        JButton[][] b = new JButton[4][4];
        for (int row = 0; row < names.length; row++) {
            for (int col = 0; col < names[row].length; col++) {
                // 创建按钮对象
                b[row][col] = new JButton(names[row][col]);
                f.add(b[row][col]);
            }
        }
        f.pack();                           // 根据组件自动调整窗体大小
        f.setSize(300, 160);                // 设置大小
        f.setLocation(300, 200);            // 设置窗体的显示位置
        f.setVisible(true);                 // 让组件可见
        //设置关闭按钮关闭窗体
        f.setDefaultCloseOperation(JFrame.EXIT_ON_CLOSE);
    }
}
```

程序运行结果如下：

1	2	3	+
4	5	6	-
7	8	9	*
.	0	=	/

计算器面板示例

10.6.4　CardLayout

CardLayout 是将一组组件彼此重叠地进行布局，就像一张张卡片一样，这样每次只会展现一个界面，所以 CardLayout 布局管理器需要有用于翻转的方法，示例代码如下。

```
import java.awt.*;
import javax.swing.*;
public class CardLayoutDemo {
    public static void main(String[] args) {
        JFrame f = new JFrame("CardLayout 示例");    // 实例化窗体对象
        Container c = f.getContentPane();             // 取得窗体容器
        CardLayout card = new CardLayout();           // 定义布局管理器
        f.setLayout(card);                            // 设置布局管理器
        c.add(new JLabel("First",JLabel.CENTER),"first");
        c.add(new JLabel("Second",JLabel.CENTER),"second");
        c.add(new JLabel("Third",JLabel.CENTER),"third");
        f.pack();                                     // 根据组件自动调整窗体大小
        f.setSize(130, 100);                          // 设置大小
        f.setLocation(300, 200);                      // 设置窗体的显示位置
        f.setVisible(true);                           // 让组件可见
        card.show(c, "second");                       // 显示第 2 张卡片
        for (int i = 0; i < 3; i++) {
            try {                                     // 加入显示延迟
                Thread.sleep(3000);
            } catch (InterruptedException e) {
                e.getStackTrace();
            }
            card.next(c);                             // 从容器中取出组件
        }
        //设置关闭按钮关闭窗体
        f.setDefaultCloseOperation(JFrame.EXIT_ON_CLOSE);
    }
}
```

程序运行结果如下：

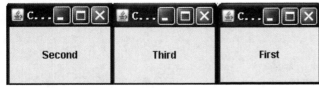

以上内容在显示时首先会显示第 2 张卡片，之后循环显示每一张卡片。

10.7　文本组件：JTextComponent

在 Swing 中提供了三类文本输入组件：单行文本框 JTextField、密码文本框 JPasswordField、多行文本框 JTextArea。

在开发中 JTextComponent 组件的常用方法如表 10-5 所示。

表 10-5　JTextComponent 的常用方法

序号	方法	描述
1	public String **getText**()	返回文本框的所有内容
2	public String **getSelectedText**()	返回文本框中选定的内容
3	public int **getSelectionStart**()	返回选定文本的起始位置
4	public int **getSelectionEnd**()	返回选定文本的结束位置
5	public void **selectAll**()	选择此文本框的所有内容
6	public void **setText**(String t)	设置此文本框的内容
7	public void **select**(int selectionStart, int selectionEnd)	选定指定范围内的内容
8	public void **setEditable**(boolean b)	设置此文本框是否可编辑

10.7.1　单行文本框：JTextField

JTextField 组件用来实现单个文本框，用于接受用户输入的单行文本信息。可以设置默认文本、文本长度、文本的字体和格式等。JTextField 常用的方法如表 10-6 所示。

表 10-6　JTextField 的常用方法

序号	方法	描述
1	public JTextField()	构造默认的文本框
2	public JTextField(String text)	构造指定内容的文本框
3	public JTextField(int columns)	构造指定长度的文本框
4	public JTextField(String text,int columns)	构造指定文本内容及长度的文本框
5	public void setFont(Font f)	设置文本框文本的字体
6	public void setHorizontalAlignment(int alignment)	设置文本的水平对齐方式

下面的示例代码演示了文本框的使用方法。

```
import java.awt.*;
import javax.swing.*;
public class JTextFieldDemo {
    public static void main(String[] args) {
        JFrame f = new JFrame("JTextField 示例");   // 实例化窗体对象
```

```
        JLabel lb1 = new JLabel("姓名：");                    // 创建标签对象
        // 定义文本框，指定内容和长度
        JTextField text1 = new JTextField("陈占伟",30);
        text1.setFont(new Font("",Font.BOLD,12));             // 设置文本的字体
        JLabel lb2 = new JLabel("部门：");                     // 创建标签对象
        // 定义文本框并指定内容
        JTextField text2 = new JTextField("计算机科学系");
        // 设置文本框的内容的水平对齐方式
        text2.setHorizontalAlignment(JTextField.CENTER);
        text2.setEditable(false);                             // 设置文本框不可编辑
        f.setLayout(new GridLayout(2, 2));                    // 设置布局管理器
        f.add(lb1);                                           // 向容器中添加组件
        f.add(text1);                                         // 向容器中添加组件
        f.add(lb2);                                           // 向容器中添加组件
        f.add(text2);                                         // 向容器中添加组件
        f.pack();                                             // 根据组件自动调整窗体大小
        f.setSize(300, 100);                                  // 设置大小
        f.setLocation(300, 200);                              // 设置窗体的显示位置
        f.setVisible(true);                                   // 让组件可见
        //设置关闭按钮关闭窗体
        f.setDefaultCloseOperation(JFrame.EXIT_ON_CLOSE);
    }
}
```

程序运行结果如下：

10.7.2　密码文本框：JPasswordField

JPasswordField 组件用来实现一个密码框，用于接受用户输入的单行文本信息，但是在密码框中并不显示输入的真实信息，而是通过显示指定的回显字符作为占位符。常见的默认回显字符为"*"。JPasswordField 组件常用的方法如表 10-7 所示。

表 10-7　JPasswordField 的常用方法

序号	方法	描述
1	public JPasswordField()	构造默认的 JPasswordField 对象
2	public JPasswordField(String text)	构造指定内容的 JPasswordField 对象
3	public void setEchoChar(char c)	设置回显的字符，默认为"*"
4	public char getEchoChar()	获得回显字符，返回值为 char
5	public char[] getPassword()	获得此文本框的所有内容

下面的示例代码演示了设置回显字符的使用方法。

```java
import javax.swing.JFrame;
import javax.swing.JLabel;
import javax.swing.JPasswordField;
public class JPasswordFieldDemo {
    public static void main(String[] args) {
        JFrame f = new JFrame("JPasswordField 示例");      // 实例化窗体对象
        JPasswordField pw1 = new JPasswordField();          // 定义密码文本框
        JPasswordField pw2 = new JPasswordField();          // 定义密码文本框
        pw2.setEchoChar('#');                                // 设置回显字符 "#"
        JLabel lb1 = new JLabel("默认回显：");               // 创建标签对象
        JLabel lb2 = new JLabel("回显设置#：");              // 创建标签对象
        lb1.setBounds(10, 10, 100, 20);                      // 设置组件位置及大小
        lb2.setBounds(10, 40, 100, 20);                      // 设置组件位置及大小
        pw1.setBounds(110, 10, 80, 20);                      // 设置组件位置及大小
        pw2.setBounds(110, 40, 50, 20);                      // 设置组件位置及大小
        f.setLayout(null);                                   // 使用绝对定位
        f.add(lb1);                                          // 向容器中增加组件
        f.add(lb2);                                          // 向容器中增加组件
        f.add(pw1);                                          // 向容器中增加组件
        f.add(pw2);                                          // 向容器中增加组件
        f.pack();                                            // 根据组件自动调整大小
        f.setSize(300, 100);                                 // 设置大小
        f.setLocation(300, 200);                             // 设置窗体的显示位置
        f.setVisible(true);                                  // 让组件可见
        //设置关闭按钮关闭窗体
        f.setDefaultCloseOperation(JFrame.EXIT_ON_CLOSE);
    }
}
```

程序运行结果如下：

10.7.3　多行文本框：JTextArea

JTextArea 组件用来实现多行文本的输入，也称文本域。在创建文本域时，可以设置是否允许自动换行，默认为 false。如果一个文本域太大，则肯定会使用滚动条显示，此时需要将文本域设置在带滚动条的面板中，即使用 JScrollPane，分为水平滚动条和垂直滚动条。水平滚动条是根据需要来显示，而垂直滚动条将始终显示，下面的示例代码中读者可以自由改变窗体的大小来观察滚动条的显示情况。JTextArea 常用的方法如表 10-8 所示。

表 10-8 JTextArea 的常用方法

序号	方法	描述
1	public JTextArea()	构造文本域，行数和列数为 0
2	public JTextArea(int rows,int columns)	构造文本域，指定行数和列数
3	public JTextArea(String text,int rows,int columns)	按指定文本域的内容、行数和列数构造文本域
4	public void append(String str)	在文本域中追加内容
5	public void insert(String str, int pos)	在指定位置插入文本
6	public void setLineWrap(boolean wrap)	设置换行策略

下面的示例代码演示了 JTextArea 和 JScrollPane 的使用方法。

```java
import java.awt.GridLayout;
import javax.swing.JFrame;
import javax.swing.JLabel;
import javax.swing.JScrollPane;
import javax.swing.JTextArea;
public class JTextAreaDemo {
    public static void main(String[] args) {
        JFrame f = new JFrame("JTextArea 示例");          // 实例化窗体对象
        JTextArea tArea = new JTextArea(3,20);           // 构造文本域
        tArea.setLineWrap(true);                          // 如果内容过长，自动换行
        // 在文本域上加入滚动条，水平和垂直滚动条始终出现
        JScrollPane scroll = new JScrollPane(tArea,
                            JScrollPane.VERTICAL_SCROLLBAR_ALWAYS,
                            JScrollPane.HORIZONTAL_SCROLLBAR_ALWAYS);
        JLabel lb = new JLabel("多行文本域：");            // 定义标签
        f.setLayout(new GridLayout(2, 1));                // 设置布局管理器
        f.add(lb);                                        // 向容器中增加组件
        f.add(scroll);                                    // 向容器中增加组件
        f.pack();                                         // 根据组件自动调整大小
        f.setSize(300, 100);                              // 设置大小
        f.setLocation(300, 200);                          // 设置窗体的显示位置
        f.setVisible(true);                               // 让组件可见
        //设置关闭按钮关闭窗体
        f.setDefaultCloseOperation(JFrame.EXIT_ON_CLOSE);
    }
}
```

程序运行结果如下：

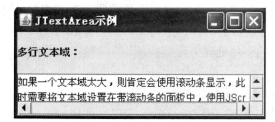

从程序的运行结果可以清楚地发现，如果一个文本域中的内容过多，则可以自动进行换行显示，这是 JTextArea 常用的方法。

10.8 事件处理

一个图形界面制作完成后，要想让每一个组件都发挥自己的作用，就必须对所有的组件进行事件处理，才能实现与用户的交互。常用的事件有窗体事件、动作事件、焦点事件、鼠标事件和键盘事件。在 Swing 编程中，依然使用最早 AWT 的事件处理方式。下面先介绍事件和监听器的概念。

10.8.1 事件和监听器

事件就是表示一个对象发生的状态变化。例如，每当一个按钮按下时，实际上按钮的状态就发生了变化，那么此时就会产生一个事件，而如果想处理此事件，就需要事件的监听者不断地监听事件的变化，并根据这些事件进行相应的处理。Swing 使用的是基于代理的事件模型。如图 10-2 所示是事件的继承关系。

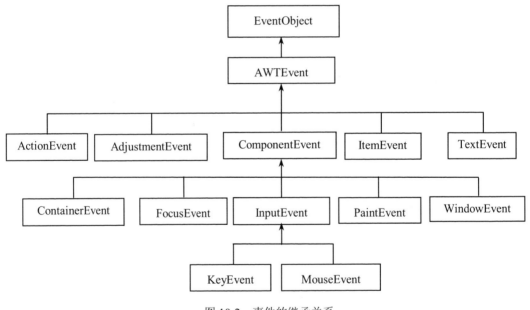

图 10-2 事件的继承关系

基于代理（授权）的事件模型是指系统将一个事件源授权给一个或者多个事件监听器，由监听器来监听和处理事件。其原理是由组件激发事件，由事件监听器监听和处理事件，通过调用组件的 add<EventType>Listener 方法向组件注册监听器，把其加入到组件以后，如果组件激发了相应类型的事件，那么定义在监听器中的事件处理方法会被调用。此模型主要以如下三种对象为中心组成：

事件源：由它来激发产生事件，是产生或抛出事件的对象。

事件监听器：由它来处理事件，实现某个特定的 EventListener 接口，此接口定义了一种或多种方法，事件源调用它们以响应该接口所处理的每一种特定事件类型。

事件：具体的事件类型，事件类型封装在以 java.util.EventObject 为基类的类层次中。当事件发生时，事件记录发生的一切事件，并从事件源传播到监听器对象事件，其处理流程如图 10-3 所示。

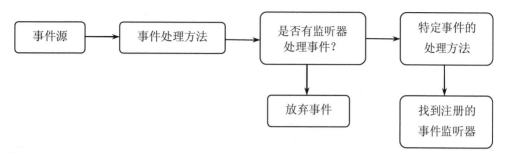

图 10-3　Java 事件处理流程

Java 常用的事件类型如表 10-9 所示。

表 10-9　Java 的事件类型及说明

事件类	说明	事件源
WindowEvent	当一个窗口激活、关闭、失效、恢复、最小化、打开或退出时会生成此事件	Window
ActionEvent	通常按下按钮、双击列表项或选中一个菜单项时，会生成此事件	Button、MenuItem、TextField、List
AdjustmentEvent	操纵滚动条时会生成此事件	Scrollbar
ComponentEvent	当一个组件移动、隐藏、调整大小或变得可见时会生成此事件	Component
ItemEvent	单击复选框或列表项时，或者当一个选择框及一个可选菜单的项被选择或取消时生成此事件	Checkbox、Choice List、CheckboxMenuItem
FocusEvent	组件获得或失去焦点时会生成此事件	Component
KeyEvent	接收到键盘输入时会生成此事件	Component
MouseEvent	拖动、移动、单击、按下或释放鼠标或在鼠标进入或退出一个组件时生成此事件	Component
ContainerEvent	将组件添加至容器或从中删除时会生成此事件	Container
TextEvent	在文本区或文本域的文本改变时会生成此事件	TextField、TextArea

监听器通过实现 java.awt.event 包中定义的一个或多个接口来创建。在发生事件时，事件源将调用监听器定义的相应方法来处理,有兴趣接收事件的任何监听器类都必须实现监听器接口。监听器接口如表 10-10 所示。

表 10-10　Java 的监听器接口列表

事件监听器	方法
ActionListener	actionPerformed
AdjustmentListener	adjustmentValueChanged
ComponentListener	componentResized、componentMoved、componentShown、componentHidden
ContainerListener	componentAdded、componentRemoved
FocusListener	focusLost、focusGained
ItemListener	itemStateChanged
KeyListener	keyPressed、keyReleased、keyTyped
MouseListener	mouseClicked、mouseEntered、mouseExited、mousePressed、mouseReleased
MouseMotionListener	mouseDragged、mouseMoved
TextListener	textChanged
WindowListener	windowActivated、windowDeactivated、windowClosed、windowClosing、windowIconified、windowDeiconified、windowOpened

下面将分别介绍 Java 的事件。

10.8.2　窗体事件

WindowListener 是专门处理窗体的事件监听器接口，一个窗体的所有变化，如窗口的打开、关闭等都可以使用这个接口进行监听。此接口定义的方法如表 10-11 所示。

表 10-11　WindowListener 接口的方法

序号	方法	描述
1	void windowOpened(WindowEvent e)	窗口打开时触发
2	void windowClosing(WindowEvent e)	当窗口正在关闭时触发
3	void windowClosed(WindowEvent e)	当窗口被关闭时触发
4	void windowIconified(WindowEvent e)	窗口最小化时触发
5	void windowDeiconified(WindowEvent e)	窗口从最小化恢复到正常状态时触发
6	void windowActivated(WindowEvent e)	窗口变为活动窗口时触发
7	void windowDeactivated(WindowEvent e)	将窗口变为不活动窗口时触发

实现 WindowListener 接口的示例代码如下。

```java
import java.awt.event.WindowEvent;
import java.awt.event.WindowListener;
public class MyWindowEventHandle implements WindowListener {
    public void windowActivated(WindowEvent e) {
        System.out.println("windowActivated===窗口被选中！");
    }
```

```java
public void windowClosed(WindowEvent e) {
    System.out.println("windowClosed===窗口被关闭！ ");
}
public void windowClosing(WindowEvent e) {
    System.out.println("windowClosing===窗口关闭！ ");
}
public void windowDeactivated(WindowEvent e) {
    System.out.println("indowDeactivated===取消窗口选中！ ");
}
public void windowDeiconified(WindowEvent e) {
    System.out.println("windowDeiconified===窗口从最小化恢复！ ");
}
public void windowIconified(WindowEvent e) {
    System.out.println("windowIconified===窗口最小化！ ");
}
public void windowOpened(WindowEvent e) {
    System.out.println("windowOpened===窗口被打开！ ");
}
    }
```

单单实现监听器是不够的，还需要在使用组件时注册监听器，这样才可以处理事件，直接使用窗体的 addWindowListener(监听对象)方法即可注册事件监听。示例代码如下所示。

```java
import java.awt.Color;
import javax.swing.JFrame;
public class MyWindowEventJFrameDemo {
    public static void main(String[] args) {
        JFrame f = new JFrame("WindowListener 示例");  // 实例化窗体对象
        // 注册窗口事件监听器，监听器就可以根据事件进行处理
        f.addWindowListener(new MyWindowEventHandle());
        f.setSize(300, 160);                    // 设置组件大小
        f.setBackground(Color.WHITE);           // 设置窗体的背景颜色
        f.setLocation(300, 200);                // 设置窗体的显示位置
        f.setVisible(true);                     // 让组件可见
    }
}
```

运行程序，会显示一个窗体，对窗体进行状态改变，则在后台会打印以下对应信息。一般在关闭窗口 windowClosing 方法中编写 System.exit(1)语句，这样关闭按钮就真正起作用，可以让程序正常结束退出。

```
Console ☒    Problems  @ Javadoc  Decla
MyWindowEventJFrameDemo [Java Application] D:\Java
windowActivated===窗口被选中！
windowOpened===窗口被打开！
windowIconified===窗口最小化！
indowDeactivated===取消窗口选中！
windowDeiconified===窗口从最小化恢复！
windowActivated===窗口被选中！
windowClosing===窗口关闭！
indowDeactivated===取消窗口选中！
```

上面的示例代码在实现 WindowListener 接口时要实现接口的所有方法，但是，这些方法在开发时并不一定都会用到，那么就没有必要覆写那么多的方法，而是根据实际需要来进行覆写，Java 在实现类和接口之间增加了一个过渡的抽象类，子类继承抽象类就可以根据实际需要进行方法的覆写，方便了用户进行事件处理的实现。这个子类称为适配器 Adapter 类。WindowListener 接口的适配器类是 WindowAdapter。下面的示例代码演示了直接通过适配器类实现窗口的关闭。

```java
import java.awt.event.WindowAdapter;
import java.awt.event.WindowEvent;
public class MyWindowCloseDemo extends WindowAdapter {
    public void windowClosing(WindowEvent e) {
        // 此类只覆写 windowClosing()方法
        System.out.println("windowClosing===窗口关闭！");
        System.exit(1);        // 系统退出
    }
}
```

在窗体的操作代码中，直接使用上面的监听器类即可实现。代码如下：

```java
JFrame f = new JFrame("WindowClosing 示例");   // 实例化窗体对象
// 直接使用 WindowAdapter 的子类完成监听的处理
f.addWindowListener(new MyWindowCloseDemo());
```

实际开发中往往采用匿名内部类来完成监听操作，以减少监听器类的定义。如下示例代码演示了匿名内部类的使用方法，建议读者掌握和使用这种方法。

```java
import java.awt.*;
import javax.swing.JFrame;
public class TestWindowClose {
    public static void main(String[] args) {
        JFrame f = new JFrame("WindowClosing 示例");   // 实例化窗体对象
        // 直接使用 WindowAdapter 的子类完成监听的处理
        f.addWindowListener(new WindowAdapter(){
            // 覆写窗口关闭的方法
            public void windowClosing(WindowEvent e) {
                System.exit(1);
            }
        });
        f.setSize(300, 160);              // 设置组件大小
        f.setBackground(Color.WHITE);     // 设置窗体的背景颜色
        f.setLocation(300, 200);          // 设置窗体的显示位置
        f.setVisible(true);               // 让组件可见
    }
}
```

常用的适配器类如表 10-12 所示。

表 10-12　Java 的适配器类

适配器类	事件监听器接口
ComponentAdapter	ComponentListener
ContainerAdapter	ContainerListener
FocusAdapter	FocusListener
KeyAdapter	KeyListener
MouseAdapter	MouseListener
MouseMotionAdapter	MouseMotionListener
WindowAdapter	WindowListener

10.8.3　动作事件及监听处理

Swing 动作事件由 ActionEvent 类来捕获，最常用的是当单击按钮后将触发动作事件，可以通过实现 ActionLinstener 接口处理相应的动作事件。

ActionLinstener 接口只有一个抽象方法，当动作发生后被触发。具体定义如下：

```java
public interface ActionListener extends EventListener {
    public void actionPerformed(ActionEvent e);
}
```

ActionEvent 类中有两个常用的方法：

- public Object getSource()：用来获得触发此次事件的组件对象。
- public String getActionCommand()：用来获得与当前动作相关的命令字符串。

如下示例代码演示了如何使用以上监听接口监听按钮的单击事件。

```java
import java.awt.*;
import javax.swing.*;
public class ActionEventDemo{
    private JLabel lb;              // 声明一个标签对象，用于显示提示信息
    private JButton b;             // 声明一个按钮对象
    ActionEventDemo(){
        JFrame f = new JFrame("演示");
        lb = new JLabel("欢迎登录！");
        lb.setHorizontalAlignment(JLabel.CENTER);
        b = new JButton("登录");
        b.addActionListener(new ActionListener(){
            public void actionPerformed(ActionEvent e) {
                JButton button = (JButton)e.getSource();
                String buttonName = e.getActionCommand();
                if (buttonName.equals("登录")) {
                    lb.setText("您已经成功登录！");
                    button.setText("退出");
                } else {
                    lb.setText("您已经安全退出！");
                    button.setText("登录");
```

```
                    }
                }
            });
            f.add(lb);
            f.add(b,BorderLayout.SOUTH);
            f.setBounds(100, 100, 230, 120);
            f.setLocation(100, 80);
            f.setVisible(true);
            f.setDefaultCloseOperation(JFrame.EXIT_ON_CLOSE);
        }
        public static void main(String[] args) {
            new ActionEventDemo();
        }
    }
```

程序运行结果如下：

初次运行时的效果　　　　单击"登录"后的效果　　　　单击"退出"后的效果

10.8.4　键盘事件及监听处理

键盘事件由 KeyEvent 类捕获，最常用的是向文本框输入内容时将触发键盘事件，可以通过 KeyListener 接口处理相应的键盘事件。有 3 个抽象方法，具体定义如下：

```
    public interface KeyListener extends EventListener {
        public void keyTyped(KeyEvent e);        // 输入某个键时调用
        public void keyPressed(KeyEvent e);      // 键盘按下时调用
        public void keyReleased(KeyEvent e);     // 键盘松开时调用
    }
```

可以通过 KeyEvent 取得键盘输入的内容。KeyEvent 类的常用方法如表 10-13 所示。

表 10-13　KeyEvent 事件的常用方法

序号	方法	描述
1	public char getKeyChar()	返回输入的字符，只针对 keyTyped 有意义
2	public void setKeyChar(char keyChar)	设置 keyCode 值
3	public static String getKeyText(int keyCode)	返回此键的信息，如"F3""A"等

下面的示例代码演示了如何使用 KeyAdapter 适配器完成键盘事件的监听。

```
    import java.awt.event.*;
    import javax.swing.*;
    public class KeyEventDemo extends JFrame{
        private JTextArea text = new JTextArea();
```

```
    public KeyEventDemo(){
        super.setTitle("键盘事件");
        JScrollPane scroll = new JScrollPane(text);         // 加入滚动条
        scroll.setBounds(5, 5, 300, 200);
        super.add(scroll);                                  // 向窗体加入组件
        text.addKeyListener(new KeyAdapter(){               // 加入键盘监听
            public void keyTyped(KeyEvent e) {              // 输入内容
                text.append("输入的内容是："+e.getKeyChar()+"\n");
            }
        });
        super.setSize(300, 200);
        super.setVisible(true);
        super.addWindowListener(new WindowAdapter(){
            public void windowClosing(WindowEvent e) {
                System.exit(1);
            }
        });
    }
    public static void main(String[] args) {
        new KeyEventDemo();
    }
}
```

程序运行结果如下：

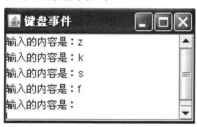

10.8.5　鼠标事件及监听处理

鼠标事件由 MouseEvent 类捕获，所有的组件都能产生鼠标事件，可以通过实现 MouseListener 接口处理相应的鼠标事件。

MouseListener 接口有 5 个抽象方法，具体定义如下：

```
public interface MouseListener extends EventListener {
    public void mouseClicked(MouseEvent e);     // 鼠标单击时调用（按下并释放）
    public void mousePressed(MouseEvent e);      // 鼠标按下时调用
    public void mouseReleased(MouseEvent e);     // 鼠标释放时调用
    public void mouseEntered(MouseEvent e);      // 鼠标接触组件时调用
    public void mouseExited(MouseEvent e);       // 鼠标离开组件时调用
}
```

每个事件触发后都会产生 MouseEvent 事件，此事件可以得到鼠标的相关操作。MouseEvent 类的常用方法如表 10-14 所示。

表 10-14　MouseEvent 事件的常用方法及常量

序号	方法及常量	类型	描述
1	public static final int BUTTON1	常量	表示鼠标左键的常量
2	public static final int BUTTON2	常量	表示鼠标滚轴的常量
3	public static final int BUTTON3	常量	表示鼠标右键的常量
4	public int getButton()	普通	以数字形式返回按下的鼠标键
5	public int getClickCount()	普通	返回鼠标的单击次数

下面的示例代码演示了如何使用 MouseAdapter 适配器完成鼠标事件的监听。

```java
import java.awt.event.*;
import javax.swing.*;
public class MouseEventDemo extends JFrame{
    private JTextArea text = new JTextArea();
    public MouseEventDemo(){
        super.setTitle("鼠标事件");
        JScrollPane scroll = new JScrollPane(text);
        scroll.setBounds(5, 5, 300, 200);
        super.add(scroll);
        text.addMouseListener(new MouseAdapter(){
            public void mouseClicked(MouseEvent e) {
                int c = e.getButton();
                String mouseInfo = null;
                if (c == MouseEvent.BUTTON1) {
                    mouseInfo = "左键";
                } else if(c == MouseEvent.BUTTON2){
                    mouseInfo = "滚轴";
                } else {
                    mouseInfo = "右键";
                }
                text.append("鼠标单击：" + mouseInfo +"。\n");
            }
        });
        super.setSize(300, 200);
        super.setVisible(true);
        super.addWindowListener(new WindowAdapter(){
            public void windowClosing(WindowEvent e) {
                System.exit(1);
            }
        });
    }
    public static void main(String[] args) {
        new MouseEventDemo();
    }
}
```

程序运行结果如下：

10.8.6　焦点事件及监听处理

焦点事件由 FocusEvent 类捕获，所有的组件都能产生焦点事件，可以通过实现 FocusListener 接口处理相应的动作事件。FocusListener 接口有 2 个抽象方法，分别在组件获得或失去焦点时被触发，FocusListener 接口的具体定义如下：

```
public interface FocusListener extends EventListener {
    public void focusGained(FocusEvent e);        // 当组件获得焦点时触发该方法
    public void focusLost(FocusEvent e);          // 当组件失去焦点时触发该方法
}
```

FocusEvent 类中常用的方法是 getSource()，用来获得触发此次事件的组件对象，返回值为 Object。下面的示例代码演示了文本框获得焦点和失去焦点时的事件处理方法。

```
import java.awt.event.*;
import javax.swing.*;
public class FocusEventDemo {
    private JFrame    f = new JFrame("文本框的焦点事件");
    private JLabel lab = new JLabel("QQ 号码");
    private JTextField text = new JTextField("请输入 QQ 号码");
    private JLabel lab1 = new JLabel();
    public FocusEventDemo(){
        f.setLayout(null);
        lab.setBounds(30, 30, 60, 30);
        f.add(lab);
        text.setBounds(100, 30, 100, 30);
        text.addFocusListener(new FocusAdapter() {
            public void focusGained(FocusEvent e) {
                lab.setText("");              // 文本框获得焦点时清空文本框内容
            }
            public void focusLost(FocusEvent e) {

                lab1.setText(lab.getText());  // 文本框失去焦点时在标签中显示文本框内容
            }
        });
        f.add(text);
        lab1.setBounds(60, 80, 100, 30);
        f.add(lab1);
        f.setSize(300, 200);
```

```
        f.setLocation(300, 200);
        f.setVisible(true);
        f.setDefaultCloseOperation(JFrame.EXIT_ON_CLOSE);
    }
    public static void main(String[] args) {
        new FocusEventDemo();
    }
}
```

10.9   单选按钮组件：JRadioButton

在 Swing 中可以使用 JRadioButton 组件完成一组单选按钮的操作。JRadioButton 类可以单独使用，单独使用时，该单选按钮可用于选定和取消选定，当与 ButtonGroup 类联合使用时，则组成单选按钮组，此时用户只能选定按钮组中的一个单选按钮，取消选定的操作由 ButtonGroup 类自动完成。

ButtonGroup 类用来创建一个按钮组，按钮组的作用是负责维护该按钮组的"开启"状态，在按钮组中只能有一个按钮处于"开启"状态。按钮组经常用来维护由 JRadioButton、JRadioButtonMenuItem 或 JToggleButton 类型的按钮组成的按钮组。ButtonGroup 类提供的常用方法如表 10-15 所示。

表 10-15   ButtonGroup 类的常用方法

序号	方法	描述
1	public void add(AbstractButton b)	将按钮添加到按钮组中
2	public void remove(AbstractButton b)	从按钮组中移除按钮
3	public int getButtonCount()	取得按钮组中按钮的个数
4	public Enumeration<AbstractButton> getElements()	取得按钮组中所有的按钮

JRadioButton 类的常用方法如表 10-16 所示。

表 10-16   JRadioButton 类的常用方法

序号	方法	描述
1	public JRadioButton(Icon icon)	按指定图标构造按钮
2	public JRadioButton(Icon icon, boolean selected)	按指定图标和选中状态构造按钮
3	public JRadioButton(String text)	按指定文本构造按钮
4	public JRadioButton(String text, boolean selected)	按指定文本和选中状态构造按钮
5	public void setIcon(Icon defaultIcon)	设置显示图片
6	public void setText(String text)	设置显示文本
7	public void setSelected(boolean b)	设置是否选中
8	public boolean isSelected()	返回是否被选中

下面的示例代码演示了 JRadioButton 类和 ButtonGroup 类的使用方法。

```java
import java.awt.*;
import javax.swing.*;
public class JRadioButtonDemo extends JFrame{
    private JLabel l = new JLabel("请选择你的职业：");
    private JRadioButton rb1 = new JRadioButton("公务员");
    private JRadioButton rb2 = new JRadioButton("教师");
    private JRadioButton rb3 = new JRadioButton("工人");
    private ButtonGroup bg = new ButtonGroup();
    private JPanel p = new JPanel();
    public JRadioButtonDemo(){
        setTitle("JRadioButton 演示");
        setLayout(new GridLayout(1,4));
        getContentPane().add(l);
        bg.add(rb1);
        getContentPane().add(rb1);
        bg.add(rb2);
        getContentPane().add(rb2);
        rb2.setSelected(true);
        bg.add(rb3);
        getContentPane().add(rb3);
        setBounds(100, 100, 180, 90);
        setLocation(300, 80);
        setVisible(true);
        setDefaultCloseOperation(JFrame.EXIT_ON_CLOSE);
    }
    public static void main(String[] args) {
        new JRadioButtonDemo();
    }
}
```

程序运行结果如下：

JRadioButton 的事件处理是使用 ItemListener 接口进行事件监听。

```java
import java.awt.*;
import java.awt.event.*;
import javax.swing.*;
public class JradioButtonDemo02 extends JFrame{
    private JLabel l = new JLabel("请选择你的职业：");
    private JRadioButton rb1 = new JRadioButton("公务员");
    private JRadioButton rb2 = new JRadioButton("教师");
    private JRadioButton rb3 = new JRadioButton("工人");
    private ButtonGroup bg = new ButtonGroup();
```

```java
        private JPanel p = new JPanel();
        private JLabel l2 = new JLabel();
        public JRadioButtonDemo(){
            setTitle("JRadioButton 演示");
            setLayout(new GridLayout(2,3));
            getContentPane().add(l);
            bg.add(rb1);
            rb1.addItemListener(new ItemListener() {
                public void itemStateChanged(ItemEvent e) {
                    changed(e);
                }
            });
            getContentPane().add(rb1);
            bg.add(rb2);
            rb2.setSelected(true);
            rb2.addItemListener(new ItemListener() {
                public void itemStateChanged(ItemEvent e) {
                    changed(e);
                }
            });
            getContentPane().add(rb2);
            bg.add(rb3);
            rb3.addItemListener(new ItemListener() {
                public void itemStateChanged(ItemEvent e) {
                    changed(e);
                }
            });
            getContentPane().add(rb3);
            getContentPane().add(l2);
            setBounds(100, 100, 430, 90);
            setLocation(300, 80);
            setVisible(true);
            setDefaultCloseOperation(JFrame.EXIT_ON_CLOSE);
        }
        public void changed(ItemEvent e) {
            if (e.getSource() == rb1) {
                l2.setText("你的职业是公务员！");
            } else if(e.getSource() == rb2){
                l2.setText("你的职业是教师！");
            } else {
                l2.setText("你的职业是工人！");
            }
        }
        public static void main(String[] args) {
            new JRadioButtonDemo();
        }
```

　　}

程序运行结果如下：

10.10 复选框组件：JCheckBox

　　JCheckBox 组件用来实现一个复选框，该复选框可以被选定和取消选定，并且可以同时选定多个。用户可以很方便地查看复选框的状态。常用的方法即 JCheckBox 类的构造方法。JCheckBox 和 JRadioButton 的事件处理监听接口一样的，都是使用 ItemListener 接口。下面的示例代码演示了复选框的使用及事件处理。

```java
import java.awt.*;
import java.awt.event.*;
import javax.swing.*;
public class JCheckBoxDemo {
    private JFrame f = new JFrame("JCheckBox 演示");
    private Container c = f.getContentPane();
    private JCheckBox cb1 = new JCheckBox("篮球");
    private JCheckBox cb2 = new JCheckBox("游泳");
    private JCheckBox cb3 = new JCheckBox("跑步");
    JLabel l = new JLabel("你喜欢的运动：");
    JPanel p = new JPanel();
    public JCheckBoxDemo(){
        // 定义一个边框显示条
        p.setBorder(BorderFactory.createTitledBorder("你喜欢的运动"));
        p.setLayout(new GridLayout(2,3));
        cb1.addItemListener(new ItemListener() {
            public void itemStateChanged(ItemEvent e) {
                selected1(e);
            }
        });
        p.add(cb1);
        cb2.addItemListener(new ItemListener() {
            public void itemStateChanged(ItemEvent e) {
                selected2(e);
            }
        });
        p.add(cb2);
        cb3.addItemListener(new ItemListener() {
            public void itemStateChanged(ItemEvent e) {
                selected3(e);
            }
```

```
        });
        p.add(cb3);
        p.add(l);
        c.add(p);
        f.setSize(360, 100);
        f.setVisible(true);
        f.setDefaultCloseOperation(JFrame.EXIT_ON_CLOSE);
    }
    public void selected1(ItemEvent e){
        String sb = l.getText();
        if (cb1.isSelected()) {
            l.setText(l.getText()+cb1.getText());
        } else{
            l.setText(sb.replaceAll("篮球", ""));
        }
    }
    public void selected2(ItemEvent e){
        String sb = l.getText();
        if (cb2.isSelected()) {
            l.setText(l.getText()+cb2.getText());
        } else{
            l.setText(sb.replaceAll("游泳", ""));
        }
    }
    public void selected3(ItemEvent e){
        String sb = l.getText();
        if (cb3.isSelected()) {
            l.setText(l.getText()+cb3.getText());
        } else{
            l.setText(sb.replaceAll("跑步", ""));
        }
    }
    public static void main(String[] args) {
        new JCheckBoxDemo();
    }
}
```

程序运行结果如下：

10.11   列表框组件：JList

列表框可以同时将多个选项信息以列表的方式展现给用户，使用 JList 可以构建一个列表框。在 JList 的构造方法中经常使用 ListModel 构造 JList 操作的对象，ListModel 是一个专门用于创建 JList 操作内容列表的接口。

JList 使用 ListSelectionListener 监听接口实现对 JList 中的选项进行监听，此接口的定义如下：

```
public interface ListSelectionListener extends EventListener{
    void valueChanged(ListSelectionEvent e); // 当值发生改变触发
}
```

下面的示例代码演示了列表框组件的创建及事件处理。

```
import java.awt.*;
import javax.swing.*;
import javax.swing.event.*;
class MyListModel extends AbstractListModel{
    private String[] inst = {"篮球","排球","足球","乒乓球","网球"};
    public Object getElementAt(int index) {
        if (index < this.inst.length) {
            return inst[index];
        } else {
            return null;
        }
    }
    public int getSize() {
        return this.inst.length;
    }
}
class MyList implements ListSelectionListener{
    private JFrame f = new JFrame("JList 演示");
    private Container c = f.getContentPane();
    private JList list = null;
    public MyList(){
        list = new JList(new MyListModel());
        list.setBorder(BorderFactory.createTitledBorder("你喜欢的球
                类运动"));
        list.addListSelectionListener(this);
        c.add(new JScrollPane(this.list));
        f.setSize(300, 180);
        f.setVisible(true);
        f.setDefaultCloseOperation(JFrame.EXIT_ON_CLOSE);
    }
    public void valueChanged(ListSelectionEvent e) {
        int[] temp = list.getSelectedIndices();
        System.out.print("选定的内容：");
        for (int i = 0; i < temp.length; i++) {
            System.out.print(list.getModel().getElementAt(i)+"、");
        }
        System.out.println();
```

```
        }
    }
public class JListDemo {
    public static void main(String[] args) {
        new MyList();
    }
}
```

10.12　下拉列表框：JComboBox

JComboBox 下拉列表框既支持用户从已有列表中选择，又支持用户自己输入数据。它的事件监听接口是 ItemListener 接口。下面的示例代码演示了 JComboBox 下拉列表框的使用及事件处理。

```
import java.awt.*;
import java.awt.event.*;
import javax.swing.*;
public class JComboBoxDemo {
    private JLabel label,label2;
    public JComboBoxDemo(){
        JFrame f = new JFrame();
        Container c = f.getContentPane();
        f.setLayout(null);
        f.setSize(300, 200);
        f.setVisible(true);
        f.setTitle("选择框测试");
        f.setDefaultCloseOperation(f.EXIT_ON_CLOSE);
        label = new JLabel("学历:");
        label.setBounds(20, 35, 60, 20);
        f.add(label);
        String[] schooRecord = { "本科", "硕士", "博士" };
        JComboBox comboBox = new JComboBox(schooRecord);
        comboBox.setBounds(85, 35, 100, 20);
        comboBox.setEditable(true);
        comboBox.setMaximumRowCount(4);
        f.add(comboBox);
        comboBox.insertItemAt("大专", 0);
        comboBox.setSelectedIndex(3);
        comboBox.addItem("专升本");
        label2 = new JLabel();
        label2.setBounds(200, 35, 100, 20);
        f.add(label2);
        comboBox.addItemListener(new ItemListener() {
            public void itemStateChanged(ItemEvent e) {
                if (e.getStateChange() == ItemEvent.SELECTED) {
                    String itemSize = (String)e.getItem();
```

```
                        label2.setText(itemSize);
                    }
                }
            });
        }
        public static void main(String[] args) {
            new JComboBoxDemo();
        }
    }
```

程序运行结果如下：

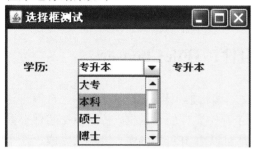

10.13　菜单组件：JMenu 与 JMenuBar

JMenuBar 组件用来摆放 JMenu 组件，当建立完许多的 JMenu 组件后，需要通过 JMenuBar 组件来将 JMenu 组件加入到窗口中。下面的示例代码演示了如何通过 JMenu 与 JMenuBar 组件构建一个简单的菜单。

```
import javax.swing.*;
public class JMenuDemo {
    public static void main(String[] args) {
        JFrame f = new JFrame("菜单演示");                    // 创建窗体
        JTextArea ta = new JTextArea();                      // 创建文本框
        ta.setEditable(true);                                // 定义文本框可以编辑
        // 在面板中加入文本框及滚动条
        f.getContentPane().add(new JScrollPane(ta));
        JMenu menuFile = new JMenu("文件");                   // 创建 JMenu 组件——创建菜单
        JMenuBar menuBar = new JMenuBar();                    // 创建 JMenuBar 组件
        JMenuItem newItem = new JMenuItem("新建");            // 创建菜单项
        newItem.setMnemonic('N');                            // 设置快捷键
        JMenuItem openItem = new JMenuItem("打开");           // 创建菜单项
        openItem.setMnemonic('O');                           // 设置快捷键
        JMenuItem saveItem = new JMenuItem("保存");           // 创建菜单项
        saveItem.setMnemonic('S');                           // 设置快捷键
        JMenuItem exitItem = new JMenuItem("退出");           // 创建菜单项
        exitItem.setMnemonic('E');                           // 设置快捷键
        menuFile.add(newItem);                               // 加入菜单项
        menuFile.add(openItem);                              // 加入菜单项
        menuFile.add(saveItem);                              // 加入菜单项
```

```
            menuFile.addSeparator();                    // 加入分割线
            menuFile.add(exitItem);                      // 加入菜单项
            menuBar.add(menuFile);                       // 加入 JMenu
            f.add(menuBar);                              // 窗体中加入 JMenuBar 组件
            f.setSize(300, 180);
            f.setLocation(300, 200);
            f.setVisible(true);
        }
    }
```

JMenuItem 与 JButton 的事件处理机制是完全一样的，选择一个菜单项实际上与单击一个按钮的效果完全一样，不再赘述。

10.14　文件选择框组件：JFileChooser

在处理窗口上的一些操作时，例如在一个文本编辑器中输入了一段文字，希望将这段文字存储起来，供以后使用，此时系统应当提供一个存储文件的对话框，将这段文字保存到一个自定义或默认的文件名中。在 Java 中这些操作都可以由 JFileChooser 组件来完成。这个组件提供了打开文件存盘的窗口功能，也提供了显示特定类型文件图标的功能，也能针对某些文件类型做过滤的操作。如果你的系统需要对某些文件进行操作，JFileChooser 组件可以让你轻松地做出漂亮的用户界面。下面的示例代码演示了打开文件、编辑文件和保存文件的过程中 JFileChooser 组件的使用方法。

```java
import javax.swing.*;
import java.awt.*;
import java.awt.event.*;
import java.io.*;
class FileChooserDemo1 implements ActionListener {
    JFrame f = null;
    JLabel label = null;
    JTextArea textarea = null;
    JFileChooser fileChooser = null;
    public FileChooserDemo1() {
        f = new JFrame("文件选择框演示");
        Container contentPane = f.getContentPane();
        textarea = new JTextArea();
        JScrollPane scrollPane = new JScrollPane(textarea);
        scrollPane.setPreferredSize(new Dimension(350, 300));
        JPanel panel = new JPanel();
        JButton b1 = new JButton("打开文件");
        b1.addActionListener(this);
        JButton b2 = new JButton("存储文件");
        b2.addActionListener(this);
        panel.add(b1);
        panel.add(b2);
        label = new JLabel(" ", JLabel.CENTER);
```

```java
        // 建立一个 JFileChooser 对象，并指定 D:目录为默认文件对话框路径
        fileChooser = new JFileChooser("D:\\");
        contentPane.add(label, BorderLayout.NORTH);
        contentPane.add(scrollPane, BorderLayout.CENTER);
        contentPane.add(panel, BorderLayout.SOUTH);
        f.pack();
        f.setVisible(true);
        f.setDefaultCloseOperation(f.EXIT_ON_CLOSE);
    }
    public static void main(String[] args) {
        new FileChooserDemo1();
    }
    public void actionPerformed(ActionEvent e) {
        File file = null;
        int result;
        if (e.getActionCommand().equals("打开文件")) {
            fileChooser.setApproveButtonText("确定");
            fileChooser.setDialogTitle("打开文件");
            result = fileChooser.showOpenDialog(f);
            textarea.setText("");
            if (result == JFileChooser.APPROVE_OPTION) {
                file = fileChooser.getSelectedFile();
                label.setText("您选择打开的文件名称为： " +
                        file.getName());
            } else if (result == JFileChooser.CANCEL_OPTION) {
                label.setText("您没有选择任何文件");
            }
            FileInputStream fileInStream = null;
            if (file != null) {
                try {
                    fileInStream = new FileInputStream(file);
                } catch (FileNotFoundException fe) {
                    label.setText("File Not Found");
                    return;
                }
                int readbyte;
                try {
                    while ((readbyte = fileInStream.read()) != -1) {
                        textarea.append(String.valueOf((char) readbyte));
                    }
                } catch (IOException ioe) {
                    label.setText("读取文件错误");
                } finally {// 回收 FileInputStream 对象，避免资源的浪费
                    try {
                        if (fileInStream != null)
                            fileInStream.close();
                    } catch (IOException ioe2) {}
                }
            }
        }
    }
```

```
                        // 实现写入文件的功能
                        if (e.getActionCommand().equals("存储文件")) {
                                result = fileChooser.showSaveDialog(f);
                                file = null;
                                String fileName;
                                if (result == JFileChooser.APPROVE_OPTION) {
                                        file = fileChooser.getSelectedFile();
                                        label.setText("您选择存储的文件名称为："+ file.getName());
                                } else if (result == JFileChooser.CANCEL_OPTION) {
                                        label.setText("您没有选择任何文件");
                                }
                                FileOutputStream fileOutStream = null;
                                if (file != null) {
                                        try {
                                                fileOutStream = new FileOutputStream(file);
                                        } catch (FileNotFoundException fe) {
                                                label.setText("File Not Found");
                                                return;
                                        }
                                        String content = textarea.getText();
                                        try {
                                                fileOutStream.write(content.getBytes());
                                        } catch (IOException ioe) {
                                                label.setText("写入文件错误");
                                        } finally {
                                                try {
                                                        if (fileOutStream != null)
                                                                fileOutStream.close();
                                                } catch (IOException ioe2) {}
                                        }
                                }
                        }
                }
        }
}
```

程序运行结果如下：

程序执行时，通过【打开文件】按钮触发事件来打开一个文件选择框，当单击【存储文件】按钮时触发事件来打开一个保存文件的选择框。

本章小结

本章简单介绍了 AWT、Swing 的概念，了解了组件、容器和布局管理器。重点介绍了常用的组件、容器和事件处理机制。通过捕获各个组件的各种事件，来完成相应的业务逻辑。

习　　题

10-1　Frame 类默认的布局管理器是（　　　　）。

    A．BorderLayout　　　　　　　　B．FlowLayout

    C．CardLayout　　　　　　　　　D．GridLayout

10-2 Frame 类直接继承自下面哪个类（　　　　）。

    A．Container　　　　　　　　　　B．Window

    C．Component　　　　　　　　　　D．Object

10-3　下列哪个布局管理器会把加入的组件像卡片一样重叠放置，使用者第一次只能看到最上面的卡片（　　　　）。

    A．BorderLayout　　　　　　　　B．FlowLayout

    C．CardLayout　　　　　　　　　D．GridLayout

10-4　GridBagLayout 布局管理器不限定加入组件的大小都相同，通过下面哪个类可设置每个组件的大小（　　　　）。

    A．GridBagConstraints　　　　　B．GridLayout

    C．Frame　　　　　　　　　　　　D．Window

10-5　在下列 Swing 组件中，哪个组件可以用于构建对话框（　　　　）。

    A．JInternalFrame　　　　　　　B．JOptionPane

    C．JFrame　　　　　　　　　　　D．JTabbedPane

10-6　在下列 Swing 组件中，哪个组件可以添加标签页（　　　　）。

    A．JInternalFrame　　　　　　　B．JOptionPane

    C．JFrame　　　　　　　　　　　D．JTabbedPane

10-7　在下列 Swing 组件中，哪个组件可以用来分隔窗体（　　　　）。

    A．JComponent　　　　　　　　　B．JSplitPane

    C．JFrame　　　　　　　　　　　D．JTabbedPane

10-8　下列事件中不属于低级事件的是（　　　　）。

    A．ContainerEvent　　　　　　　B．ActionEvent

    C．MouseEvent　　　　　　　　　D．FocusEvent

10-9　下列事件中不属于高级事件的是（　　　　）。

    A．AdjustmentEvent　　　　　　　B．ItemEvent

    C．ComponentEvent　　　　　　　D．TextEvent

10-10 窗口被关闭触发的事件被封装在下列哪个类中（　　　　　）。

    A．WindowEvent   B．AdjustmentEvent

    C．ItemEvent   D．TextEvent

10-11 滑动滚动条触发的事件被封装在下列哪个类中（　　　　　）。

    A．WindowEvent   B．AdjustmentEvent

    C．ItemEvent   D．TextEvent

第 11 章　Java 线程

本章内容：介绍 Java 多线程技术及同步技术的实现。Java 多线程机制可以让不同程序块同时运行，使程序运行更为流畅，性能更高，同时可达到多任务处理的目的。

学习目标：

- 熟悉线程的概念模型
- 熟练掌握实现 Java 线程体的两种方式
- 理解 Java 线程的四种状态及转换关系
- 理解 Java 线程的优先级
- 掌握守护线程和主线程这两个特殊线程
- 理解线程同步的概念
- 掌握 Java 线程同步实现的两种方式

11.1　进程及多线程简介

Java 是少数几种支持多线程的语言之一。大多数的程序语言只能运行单独一个程序块，无法同时运行不同的多个程序块，而 Java 的多线程机制让不同的程序块可同时运行，这样可让程序运行更为顺畅，性能更高，同时达到多任务处理的目的。下面简要介绍进程和线程的执行机制。

进程是程序的一次动态执行过程，它需要经历从代码加载、代码执行到代码执行完成的一个完整过程，这个过程也是进程从产生、就绪、执行、阻塞、再执行到最终消亡的过程。所谓的多线程是指一个进程在执行过程中可以产生多个更小的程序单元，这些更小的程序单元称为线程，这些线程同时存在、同时运行，进程与线程的区别如图 11-1 所示。

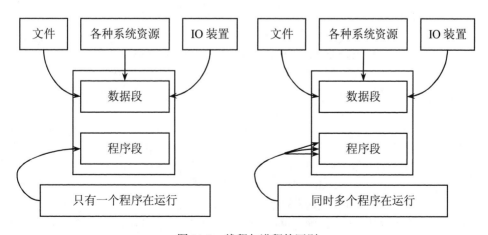

图 11-1　线程与进程的区别

可通过 Eclipse 程序的执行来理解进程与线程的区别：

在开发时，打开 Eclipse 程序前先打开 Windows 任务管理器切换到"进程"选项卡，观察到此时没有 eclipse.exe 进程，打开运行 Eclipse 时，Windows 任务管理器的"进程"选项卡中增加了 eclipse.exe 进程，这是动态产生的进程。在编写代码的过程中又会启动多个线程，如拼写检查等。当 Eclipse 程序关闭时，进程被销毁，此时在 Windows 任务管理器的"进程"选项卡中就没有了 eclipse.exe 进程。

11.2　线程的创建

在 Java 语言中，线程也是一种对象，但并非任何对象都可以成为线程，只有实现了 Runnable 接口或继承了 Thread 类的对象才能成为线程。

Java 线程的创建有如下两种方式：

● 继承 Thread 类。

● 实现 Runnable 接口。

1. 继承 Thread 类

Java 的线程是通过 java.lang.Thread 类来实现的。当生成一个 Thread 类的对象之后，一个新的线程就产生了。线程实例表示 Java 解释器中的真正的线程，通过它可以启动线程、终止线程、挂起线程等。每个线程都通过某个特定 Thread 对象的方法 run() 来完成其操作，方法 run() 称为线程体。

实例化自定义的 Thread 类，使用 start() 方法启动线程。由于 Java 只支持单继承，用这种方法定义的类不能再继承其他父类。下面的示例代码定义了一个继承自 Thread 类的 SimpleThread 类，该类创建的两个线程同时在控制台输出信息，从而实现两个输出信息的交叉显示。

```java
public class SimpleThread extends Thread{
    public SimpleThread(String name){          // 参数 name 为线程名称
        setName(name);
    }
    public void run() {                        // 覆盖 run()方法
        int i = 0;
        while (i++ < 5) {
            try {
                System.out.println(getName() + "执行步骤" + i);
                Thread.sleep(1000);            // 休眠 1 秒
            } catch (Exception e) {
                e.printStackTrace();
            }
        }
    }
    public static void main(String[] args) {
        SimpleThread st1 = new SimpleThread("线程 1");          // 创建线程 1
        SimpleThread st2 = new SimpleThread("======线程 2");   // 创建线程 2
        st1.start();          // 启动线程 1
```

```
            st2.start();          // 启动线程 2
        }
    }
```

程序运行结果如下：

```
Problems  @ Javadoc  Declaration  C
<terminated> SimpleThread [Java Application] E:\J2
线程1执行步骤1
======线程2执行步骤1
线程1执行步骤2
======线程2执行步骤2
线程1执行步骤3
======线程2执行步骤3
线程1执行步骤4
======线程2执行步骤4
======线程2执行步骤5
线程1执行步骤5
```

　　从程序的执行结果中可以发现，两个线程对象是交错运行的，哪个线程对象抢到了 CPU 资源，哪个线程就可以运行，所以上面例子中程序的执行结果并不固定，在线程启动时虽然调用的是 start()方法，但实际上调用的却是 run()方法定义的程序体。

　　注意：启动线程不能直接使用 run()方法，因为线程的运行需要本机操作系统的支持。如果一个类通过继承 Thread 类来实现，只能调用一次 start()方法，如果调用多次，将会抛出 Exception in thread "main" java.lang.IllegalThreadStateException 异常。

　　2．实现 Runnable 接口

　　Runnable 接口是 Java 语言中用来实现线程的接口，任何实现线程功能的类都必须实现这个接口。Thread 类就是实现了 Runnable 接口，所以继承的类才具有了相应的线程功能。Runnable 接口中定义了一个 run()方法，在实例化 Thread 对象时，可以传入一个实现了 Runnable 接口的对象作为参数，Thread 类会调用 Runnable 对象的 run()方法，从而执行 run()方法。

　　如下示例代码演示了如何使用一个实现了 Runnable 接口的类来构造线程。该类在 run()方法中每隔 0.5 秒，在控制台输出一个"@"字符，直到输出 15 个"@"字符。

```
public class SimpleRunnable implements Runnable {
    // 覆盖 run()方法
    public void run() {
        int i = 15;
        while (i-- >=1) {
            try {
                System.out.print("@ ");
                Thread.sleep(500);
            } catch (Exception e) {
                e.printStackTrace();
            }
        }
    }
```

```
public static void main(String[] args) {
    Thread t = new Thread(new SimpleRunnable(),"线程 A");        // 创建线程 A
    t.start();                                                    // 启动线程 A
    }
}
```

程序运行结果如下：

最后比较一下实现线程体的两种方式：使用直接继承 Thread 类的方式比较简单，但由于 Java 的单继承机制，它的局限不言而喻。使用 Runnable 接口首先不存在前一种方法的局限，而且回顾一下线程的概念模型就不难发现，这种方式正是将虚拟 CPU 即 Thread 及其子类与代码和数据分开，符合线程的概念模型。开发者可以根据不同的需求结合这两种方式的特点选择合适的线程体实现方式。掌握实现线程体的方式是使用 Java 线程的基础，同时也要熟悉这两种实现线程体方式的适用范围。

11.3　线程的状态

线程有 4 种状态：创建状态、可运行状态、不可运行状态和死亡状态。

1. 创建状态

在实例化一个线程对象后，线程就处于创建状态。处于创建状态的线程，系统不为它分配资源。

2. 可运行状态

当线程对象调用了 run()方法后，线程就处于可运行状态。处于可运行状态的线程，系统为这个线程分配了它需要的系统资源。这里要注意区分可运行和运行。线程对象调用了 run()方法后，只表明线程处于可运行状态，不代表正在运行。通常情况下计算机都只有一颗 CPU，所以同一时刻只能运行处于可运行状态的线程中的一个，同一时间处于可运行状态的线程可能有很多个，而正在运行的线程却只有一个。

3. 不可运行状态

不可运行状态也称为阻塞状态，由于某种原因系统不能执行线程。这种情况下即使 CPU 处于空闲状态，线程也不能被执行。线程处于不可运行状态可能的原因有：

（1）调用了 sleep()方法。

（2）调用了 suspend()方法。

（3）调用 wait()方法。

（4）输入输出流中发生线程阻塞。

4. 死亡状态

线程执行完会自动进入死亡状态，或是程序调用了 stop()方法进入死亡状态。

图 11-2 表示了 Java 线程的不同状态以及状态之间转换所调用的方法。

图 11-2 Java 线程状态图

11.4 线程的调度

Java 提供了线程一个调度器来调度程序启动后进入可运行状态的所有线程。线程调度器按线程的优先级高低选择优先级高的线程先执行。

线程调度是抢先式调度，即如果在当前线程执行过程中，一个更高优先级的线程进入可运行状态，则这个线程立即被调度执行。抢先式调度又分为时间片方式和独占方式。

在时间片方式下，当前活动线程执行完当前时间片后，如果有其他处于就绪状态的相同优先级的线程，系统会将执行权交给其他就绪态的同优先级线程，当前活动线程转入等待执行队列，等待下一个时间片的调度。

在独占方式下，当前活动线程一旦获得执行权，将一直执行下去，直到执行完毕或由于某种原因主动放弃 CPU，或者是有高优先级的线程处于可执行状态。

线程主动放弃 CPU 的原因可能是：

（1）线程调用了 yield() 或 sleep() 方法主动放弃。

（2）线程调用了 wait() 方法。

（3）由于当前线程进行 I/O 访问、外存读写、等待用户输入等操作，导致线程阻塞。

11.5 线程的优先级

Java 中线程有 10 个优先级，由低到高分别用 1 到 10 表示，默认值为 5。Thread 类中定义了 3 个静态变量：

    Thread.MIN_PRIORITY   代表最低优先级 1

    Thread.NORM_PRIORITY   代表默认优先级 5

    Thread.MAX_PRIORITY   代表最高优先级 10

除此之外，还可以通过 Thread 类的如下两个方法对优先级进行操作：

    public final void setPriority(int newPriority)

    public final int getPriority()

如下示例代码来演示 3 种不同优先级的线程执行结果。

```java
public class PriorityDemo01 implements Runnable {        // 实现 Runnable 接口
    public void run() {                                  // 覆写 run()方法
        for (int i = 0; i < 3; i++) {                    // 循环 3 次
            try {
                Thread.sleep(500);                       // 线程休眠
            } catch (Exception e) {
```

```
                              e.printStackTrace();
                          }
                      System.out.println(Thread.currentThread().getName() +
                              "运行，i=" + i);// 输出线程名称
                  }
              }
          public static void main(String[] args) {
              // 实例化线程对象
              Thread t1 = new Thread(new PriorityDemo01(),"线程 1");
              // 实例化线程对象
              Thread t2 = new Thread(new PriorityDemo01(),"线程 2");
              // 实例化线程对象
              Thread t3 = new Thread(new PriorityDemo01(),"线程 3");
              // 设置线程优先级为最低
              t1.setPriority(Thread.MIN_PRIORITY);
              // 设置线程优先级为最高
              t2.setPriority(Thread.MAX_PRIORITY);
              // 设置线程优先级为默认
              t3.setPriority(Thread.NORM_PRIORITY);
              t1.start();              // 启动线程
              t2.start();              // 启动线程
              t3.start();              // 启动线程
          }
      }
```

程序运行结果如下：

```
Problems  @ Javadoc  Declaration  Consol
<terminated> PriorityDemo01 [Java Application] E:\J2EE
线程2运行，i=0
线程3运行，i=0
线程1运行，i=0
线程3运行，i=1
线程2运行，i=1
线程1运行，i=1
线程2运行，i=2
线程3运行，i=2
线程1运行，i=2
```

从程序的运行结果可以观察到，线程根据其优先级的大小来决定哪个线程先运行，但是读者一定要注意，并非线程的优先级越高就一定会先执行，哪个线程先执行将由 CPU 的调度决定。

Java 程序启动运行时 JVM 会自动创建一个线程，这个线程就是主线程。主线程的重要性和特殊性表现在如下两个方面：

（1）它是产生其他线程的线程。

（2）它通常执行各种关闭操作，是最后结束的线程。

尽管主线程有些特殊，无需手动创建，但它仍是一个线程类的对象。可以通过 Thread 类的 CurrentThread()方法获得主线程的引用，从而达到操作主线程的目的。如下示例代码演示了

如何获得主线程的相关信息。

```
public class GetMainThread {
    public static void main(String[] args) {
        Thread thread = Thread.currentThread();
        System.out.println("<--当前主线程的 ID 是" + thread.getId()+"-->");
        System.out.println("<--当前主线程的名称是" + thread.getName()+"-->");
        System.out.println("<--当前主线程的优先级是" + thread.getPriority()+"-->");
        System.out.println("<--当前主线程所在线程组是" +
                thread.getThreadGroup().getName()+"-->");
    }
}
```

程序运行结果如下：

```
Problems  @ Javadoc  Declaration  Consol
<terminated> GetMainThread [Java Application] E:\J2EE
<--当前主线程的ID是1-->
<--当前主线程的名称是main-->
<--当前主线程的优先级是5-->
<--当前主线程所在线程组是main-->
```

如下示例代码演示了使用 yield()方法中断当前线程的操作，执行其他线程：

```
public class PriorityDemo02 implements Runnable{
    public void run() {                                    // 覆写 run()方法
        for (int i = 0; i < 3; i++) {                      // 循环 3 次
            System.out.println(Thread.currentThread().getName() +
                    "运行，i=" + i);                        // 输出线程名称
            if (i == 1) {
                System.out.println("线程礼让：");
                Thread.currentThread().yield();            // 线程礼让
            }
        }
    }
    public static void main(String[] args) {
        // 实例化 PriorityDemo02 对象
        PriorityDemo02 my = new PriorityDemo02();
        Thread t1 = new Thread(my,"线程 1");                // 定义线程对象
        Thread t2 = new Thread(my,"线程 2");                // 定义线程对象
        t1.start();                                        // 启动线程
        t2.start();                                        // 启动线程
    }
}
```

程序运行结果如下：

从程序的运行结果可以发现，每当线程满足条件（i==1）时会将本线程暂停，而让其他线程先执行。

11.6　守护线程

线程默认都是非守护线程，非守护线程也称为用户线程。程序中当所有用户线程都结束时，守护线程也立即结束。因为守护线程随时会结束，所以守护线程所做的工作应该是可以随时结束而不影响运行结果的工作。守护线程在 Java 线程应用开发中经常使用。

可通过调用 Thread 类的 SetDaemon()方法将线程设置成守护线程：

```
public final void setDaemon(boolean on)
```

为了更好地理解守护线程的概念，请看如下示例代码。

首先构造一个模拟播放音乐的线程类。

```java
public class MusicThread extends Thread {
    public void run() {
        while (true) {
            System.out.println("<--音乐播放中......-->");
            try {
                sleep(100);
            } catch (InterruptedException e) {
                e.printStackTrace();
            }
        }
    }
}
```

再构造一个模拟安装程序的线程类。

```java
public class InstallThread extends Thread {
    public void run() {
        System.out.println("<--安装开始-->");
        for (int i = 0; i <= 100; i = i + 10) {
            System.out.println("<--已安装" + i + "%-->");
            try {
                sleep(100);
            } catch (InterruptedException e) {
                e.printStackTrace();
```

```
        }
    }
    System.out.println("<--安装结束-->");
}
    public static void main(String[] args) {
        MusicThread music = new MusicThread();
        music.setDaemon(true);
        music.start();
        InstallThread install = new InstallThread();
        install.start();
    }
}
```

程序运行结果请读者自行测试。模拟播放音乐的线程如果单独运行是不会停止的，但作为模拟安装程序的守护线程，一旦作为用户线程的模拟安装线程结束，模拟播放音乐的线程也立即结束。

11.7　线程同步

当多个线程共享同一个变量等资源的时候，需要确保资源在某一时刻只有一个线程占用，这个过程就是线程同步。信号量是线程同步中的一个重要概念。信号量是一个对象，它是互斥体。当一个线程进入互斥体，互斥体就被锁定，此时任何试图进入互斥体的线程都必须等待这个线程结束。

在 Java 中线程同步本身的复杂性决定了要正确处理线程同步不是一件容易的事情。限于本书的涉众和篇幅，这里只介绍了线程同步的基本概念和处理方法。读者如果有兴趣可以查找相关资料进行专项学习。

解决资源共享的同步操作，可以使用同步代码块或同步方法来完成。

同步代码块格式如下：

```
Synchronized(同步对象){
    同步代码块
}
```

同步方法格式如下：

```
[访问权限] Synchronized  返回值类型  方法名(参数列表){
    方法体
}
```

下面的示例代码通过同步方法模拟实现打电话的线程同步。

首先构造一个电话类，定义一个打电话的方法。

```
class SynPhoneCall {
    public synchronized static void call(String name) {
        try {
            System.out.println("<--" + name + "拨打电话-->");
            Thread.sleep(100);
            System.out.println("<--" + name + "正在通话中......-->");
            Thread.sleep(100);
```

```
                System.out.println("<--" + name + "挂断电话-->");
            } catch (InterruptedException e) {
                e.printStackTrace();
            }
        }
    }
```

再构造一个调用电话类打电话的线程类。

```
public class SynCall extends Thread {
    public SynCall(String arg0) {
        super(arg0);        // 在这里定义 SynCall 类的构造方法
    }
    public void run() {
        SynPhoneCall.call(getName());
    }
    public static void main(String[] args) {
        SynCall first = new SynCall("First");
        SynCall second = new SynCall("Second");
        SynCall third = new SynCall("Third");
        first.start();
        second.start();
        third.start();
    }
}
```

程序运行结果如下:

```
<terminated> SynCall [Java Application] E:\J2EE:
<--First拨打电话-->
<--First正在通话中......-->
<--First挂断电话-->
<--Second拨打电话-->
<--Second正在通话中......-->
<--Second挂断电话-->
<--Third拨打电话-->
<--Third正在通话中......-->
<--Third挂断电话-->
```

下面的示例代码通过同步代码块模拟打电话的线程同步。

首先构造一个电话类,定义一个打电话的方法。

```
class PhoneCalls {
    private String phoneName = "";
    public PhoneCalls(String name) {
        this.phoneName = name;
    }
    public void call(String name) {
        try {
            System.out.println("<--"+name+"拨打"+ this.phoneName +"电话-->");
            Thread.sleep(100);
            System.out.println("<--"+name+"正在通话中......-->");
```

```
                    Thread.sleep(100);
                    System.out.println("<--"+name+"挂断"+ this.phoneName +"电话-->");
            } catch (InterruptedException e) {
                    e.printStackTrace();
            }
        }
    }
```

再构造一个调用电话类打电话的线程类。

```
    public class SynCalls implements Runnable {
        private String name = "";
        private PhoneCalls phone = null;
        private Thread thread = null;
        public SynCalls(String name, PhoneCalls phone) {
            this.name = name;
            this.phone = phone;
            this.thread = new Thread(this);
        }
        public void start(){
            thread.start();
        }
        public void run() {
            synchronized(this.phone){
                this.phone.call(this.name);
            }
        }
        public static void main(String[] args) {
            PhoneCalls phone = new PhoneCalls("营部");
            SynCalls first = new SynCalls("First",phone);
            SynCalls second = new SynCalls("Second",phone);
            SynCalls third = new SynCalls("Third",phone);
            first.start();
            second.start();
            third.start();
        }
    }
```

程序运行结果如下：

```
Problems  @ Javadoc  Declaration
<terminated> SynCalls [Java Application] E:\J2EE?
<--First拨打营部电话-->
<--First正在通话中......-->
<--First挂断营部电话-->
<--Second拨打营部电话-->
<--Second正在通话中......-->
<--Second挂断营部电话-->
<--Third拨打营部电话-->
<--Third正在通话中......-->
<--Third挂断营部电话-->
```

上例中 **synchronized(this**.phone) 代码中 **this**.phone 是互斥体对象，用来实现线程同步。

11.8 实例练习：线程综合应用

本章综合运用前面所介绍的知识给出一个完整的实例。

该实例综合运用了实现线程体的两种方式、守护线程和主线程等知识。实例的源代码如下。

首先，通过实现 Runnable 接口实现线程体。

```java
public class ThreadUseRunnable implements Runnable {
    private String name;
    public ThreadUseRunnable(String name) {
        this.name = name;
    }
    public String getName() {
        return name;
    }
    public void run() {
        System.out.println("<--" + this.getName() + "执行开始-->");
        for (int i = 0; i < 10; i++) {
            System.out.println("<--"+this.getName()+"执行步骤" + i + "-->");
            try {
                Thread.sleep((int) (Math.random() * 1000));
            } catch (InterruptedException e) {
                e.printStackTrace();
            }
        }
        System.out.println("<--" + this.getName() + "执行结束-->");
    }
}
```

之后，通过继承 Thread 类的方式实现线程体。

```java
public class ThreadUseExtends extends Thread {
    public ThreadUseExtends(String arg0) {
        super(arg0);
    }
    public void run() {
        System.out.println("<--"+this.getName()+"执行开始-->");
        for (int i = 0; i < 10; i++) {
            System.out.println("<--"+this.getName()+"执行步骤" + i + "-->");
            try {
                sleep((int) (Math.random() * 1000));
            } catch (InterruptedException e) {
                e.printStackTrace();
            }
        }
```

```
                System.out.println("<--"+this.getName()+"执行结束-->");
            }
        }
```

然后，通过继承 Thread 类的方式实现守护线程。

```java
public class DaemonThread extends Thread {
    public DaemonThread(String arg0) {
        super(arg0);
    }
    public void run() {
        while (true) {
            System.out.println("<--" + this.getName() + "执行中...-->");
            try {
                sleep(300);
            } catch (InterruptedException e) {
                e.printStackTrace();
            }
        }
    }
}
```

最后，综合使用这 3 个线程和主线程。

```java
public class MultiThread {
    public static void main(String[] args) {
        System.out.println("<--执行开始-->");
        Thread thread1 = new ThreadUseExtends("线程 1");
        Thread thread2 = new Thread(new ThreadUseRunnable("线程 2"));
        Thread thread3 = new DaemonThread("守护线程");
        thread3.setDaemon(true);
        thread3.start();
        thread1.start();
        thread2.start();
        while (thread1.isAlive() || thread2.isAlive()) {
            try {
                Thread.sleep(100);
            } catch (InterruptedException e) {
                e.printStackTrace();
            }
        }
        System.out.println("<--执行结束-->");
    }
}
```

本章小结

　　本章首先简单介绍了与线程相关的概念，之后介绍了线程的概念模型，在线程概念模型的基础上重点讲解了实现线程体的两种方式。同时介绍了 Java 线程的 4 种状态及线程的调度，并介绍了两种特殊的线程：守护线程和主线程。最后用实例说明了线程同步的必要性和实现线程同步的两种方式。

习　题

11-1　Thread.NORM_PRIORITY 对应的级别数是（　　　）。

    A．0　　　　　　B．1　　　　　　C．5　　　　　　　　D．10

11-2　Thread thread = new Thread();如果要将 thread 设置为守护线程应该如何编写代码。请选择（　　　）。

    A．thread.setDaemon(true)　　　　B．thread.setDaemon(1)

    C．thread.setDaemon(False)　　　　D．thread.setDaemon(0)

11-3　下列哪种线程是 JVM 自动创建的（　　　）。

    A．守护线程　　　　　　　　B．主线程

    C．非守护线程　　　　　　　D．用户线程

11-4　实现线程体的方式除了继承 Thread 类，还可以实现以下哪个接口（　　　）。

    A．Cloneable　　B．Runnable　　C．Iterable　　　　D．Serializable

11-5　Java 中实现线程同步的关键字是（　　　）。

    A．static　　　　B．final　　　　C．synchronized　　D．protected

11-6　多线程有几种实现方法，都是什么？同步有几种实现方法，都是什么？

11-7　同步和异步有何异同，在什么情况下分别使用他们？请举例说明。

第 12 章   JDK1.5 三个主要特性

本章内容：介绍 JDK1.5 的三个重要特性：泛型、枚举和注解。

学习目标：

- 通过泛型学习，了解如何提高程序代码的复用性
- 通过定义一些枚举类型常量，了解如何在一定程度上增加程序代码的可读性
- 通过注解在源文件中嵌入信息，帮助程序员不改变原有逻辑即可嵌入需要的信息

12.1   泛型

所谓泛型（Generics Type）就是指在对象建立时不指定类中属性的具体数据类型，而由外部在声明及实例化对象时指定具体的类型。泛型从字面上可以这样理解，"泛"表示广泛的意思，而"型"指的是数据类型。

12.1.1   泛型类的定义

泛型实际上是通过给类或接口增加类型参数（type parameters）来实现的。具有泛型特点的类的定义格式如下：

```
[类修饰符列表] class 类名<类型参数[,类型参数 2,......,类型参数 n]> [extends 父类名][implements 接口名称列表]{
     类体
}
```

从定义格式可发现，具有泛型特点的类只是在类名后面加上了"<类型参数>"，下面是具有泛型定义的类的示例。

```
class Contact<T> {
     private T attrName ;
     public T getAttrName() {
         return attrName;
     }
     public void setAttrName(T attrName) {
         this.attrName = attrName;
     }
}
```

类声明部分 class Contact<T>为类指定了一个类型参数 T，该类的方法就可以使用该类型 T，如可以作为实例对象、局部变量、方法参数或返回值。

使用该类时，T 要被替换为具体的类型，如类型为 String，用 Contact<String> contact = new Contact<String>();声明构造函数，则类 Contact 的变量和方法的原型分别为：

```
String attrName ;
```

public **String** getAttrName()

public void setAttrName(**String** attrName)

类型参数 T 可以是任何的具体类型，所以可以理解为泛型类是普通类的工厂类。

如下示例代码在类的声明部分只定义了一个类型参数，如果有多个类型参数也是可以的，如写成 **class** Contact<K,V>或 class Contact<T,U,S>，多少个都行，在类的变量或方法中可以使用声明部分定义的类型。类型用大写字母表示，一般都是用 T 指代 Type，K 指代 Key，V 指代 Value，没有其他具体的要求。泛型常用于集合类的定义，如 HashMap 类的定义。

public class HashMap<K,V> extends AbstractMap<K,V> implements Map<K,V>, Cloneable, Serializable

综上所述，对于具有泛型特性的类，在定义类型参数之后，可以在类的定义的各个部分直接使用这些类型变量，在一定程度上将它们当作已知的类型。因此，只要在类声明或实例化对象时指定好需要的具体的类型，就可以解决数据类型安全性问题，下面是泛型类（无继承和实现接口）定义的一般格式。

[类访问权限] class 类名<类型参数标识 1[, 类型参数标识 2, …, 类型参数标识 n]> {

    [访问权限] 类型参数标识 变量名称;

    [访问权限] 类型参数标识 方法名称(){};

    [访问权限] 类型参数标识 方法名称(类型参数标识 方法参数){};

}

12.1.2 泛型规则和限制

（1）泛型的类型参数只能是类类型（包括自定义类），不能是简单类型。

（2）同一种泛型可以对应多个版本（因为参数类型是不确定的），不同版本的泛型类实例是不兼容的。

（3）泛型的类型参数可以有多个。

（4）泛型的参数类型可以使用 extends 语句，例如<T extends superclass>。习惯上称为"有界类型"。

（5）泛型的参数类型还可以是通配符类型。例如 Class<?> classType = Class.forName("java.lang.String");

泛型还有泛型接口、泛型方法等等。

12.1.3 泛型类的应用

1．带构造方法的泛型类的应用

构造方法可以对类中的属性初始化，如果类中的属性通过泛型指定，而又需要通过构造方法设置属性内容时，就可以将泛型应用在构造方法上，此时的构造方法与类的其他构造方法并无不同。比如如下示例代码 GenDemo.java 类中使用的泛型类 Gen。

```
public class GenDemo {
    public static void main(String[] args) {
        // 定义泛型类 Gen 的一个 Integer 版本
        Gen<Integer> intOb = new Gen<Integer>(88);
        intOb.showType();
        int i = intOb.getVarName();
        System.out.println("value= " + i);
```

```
            System.out.println("------------------------------");
            // 定义泛型类 Gen 的一个 String 版本
            Gen<String> strOb = new Gen<String>("Hello Gen!");
            strOb.showType();
            String s = strOb.getVarName();
            System.out.println("value= " + s);
        }
    }
    class Gen<T> {
        private T varName;                    // 定义泛型成员变量，变量类型由外部决定
        public Gen(T varName) {               // 泛型类应用的构造方法
            this.varName = varName;
        }
        public T getVarName() {
            return varName;
        }
        public void setVarName(T varName) {
            this.varName = varName;
        }
        public void showType() {
            System.out.println("T 的实际类型是: " + varName.getClass().getName());
        }
    }
```

程序运行结果如下：

```
Problems  @ Javadoc  Declaration  Console
<terminated> GenDemo [Java Application] E:\J2EE相关\eclipse\jre\bin\j
T的实际类型是: java.lang.Integer
value= 88
--------------------------------
T的实际类型是: java.lang.String
value= Hello Gen!
```

2.　指定多个泛型类型

如果一个类中有多个属性且使用不同的泛型声明，则可以在声明类时指定多个泛型类型。如下面的示例代码中的个人信息类 Person。

```
    public class GenDemo01 {
        public static void main(String[] args) {
            Person<String,Integer> p = null ;        // 定义两个泛型类型的对象
            p = new Person<String,Integer>();         // 指定 name,age 的类型
            p.setName("sam");
            p.setAge(36);
            System.out.println(p);
        }
    }
    class Person<S,I>{
        private S name ;                              // 此变量类型由外部决定
```

```
        private I age ;                              // 此变量类型由外部决定
        public S getName() {
            return name;
        }
        public void setName(S name) {
            this.name = name;
        }
        public I getAge() {
            return age;
        }
        public void setAge(I age) {
            this.age = age;
        }
        // 覆写 Object 类的 toString()方法
        public String toString() {
            // 返回对象信息
            return "基本信息：" + "\n" +    "\t|-姓名：" + this.name + "\n" +
                    "\t|-年龄：" + this.age;
        }
    }
```

程序运行结果如下：

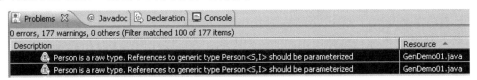

如果在声明或实例化泛型类时没有指定参数的数据类型,如直接实例化 Person 类 Person p = new Person ();那么用户在使用这样的类时,就会出现如下的不安全操作的警告信息,但并不影响程序的运行,这是为了方便用户的使用,

Problems ⊠	@ Javadoc	Declaration	Console		
0 errors, 177 warnings, 0 others (Filter matched 100 of 177 items)					
Description					Resource ▲
⚠ Person is a raw type. References to generic type Person<S,I> should be parameterized					GenDemo01.java
⚠ Person is a raw type. References to generic type Person<S,I> should be parameterized					GenDemo01.java

就算没有指定泛型类型,程序也可以正常运行,而所有的类型统一使用 Object 进行接收,所以程序中的 name、age 属性实际上就变成了 Object 类型,隐式地实现了向上转型。因此,应用泛型减少了数据的类型转换,从而可以提高代码的运行效率。

3. 泛型作为变量类型来使用

泛型能产生一个新的数据类型,那么这个新的数据类型也可以作为类型参数来使用,创建出一个新的泛型。详见如下示例代码。

```
        import java.util.ArrayList;
        public class GenericVarDemo {
            public static void main(String[] args) {
                ArrayList<String> s1 = new ArrayList<String>();
```

```
        s1.add("zknu");
        s1.add("eva");
        ArrayList<String> s2 = new ArrayList<String>();
        s2.add("jsjxy");
        s2.add("sam");
        ArrayList<ArrayList<String>> listStr = new ArrayList<ArrayList<String>>();
        // 泛型作为参数产生一个新的泛型类
        listStr.add(s1);
        listStr.add(s2);
        for (int i = 0; i < listStr.size(); i++) {
            System.out.println("第" + (i+1) + "引用变量：" + listStr.get(i));
        }
    }
}
```

程序运行结果如下：

```
第1引用变量：[zknu, eva]
第2引用变量：[jsjxy, sam]
```

程序中泛型作为参数产生一个新的泛型，为新产生的泛型添加的数据是原来两个泛型类对象，即引用变量，这两个引用变量分别有两个元素。

12.1.4 通配符

在泛型操作中可以通过通配符接收任意指定的泛型类型的对象，常用对象的引用传递使用"?"通配符作为参数，表示该泛型可以接收任意类型的数据，详见如下示例代码。

```
import java.util.ArrayList;
public class GenDemo02 {
    public static void main(String[] args) {
        // 实例化字符串类型的泛型对象
        ArrayList<String> list1 = new ArrayList<String>();
        list1.add("sam");                  // 添加对应类型的数据
        list1.add("eva");                  // 添加对应类型的数据
        printList(list1);                  // 引用传递
        // 实例化整型类型的泛型对象
        ArrayList<Integer> list2 = new ArrayList<Integer>();
        list2.add(300);                    // 添加对应类型的数据
        list2.add(600);                    // 添加对应类型的数据
        printList(list2);                  // 引用传递
    }
    public static void printList(ArrayList<?> list){
        System.out.println("内容为：");
        for (Object element : list) {
            System.out.print(element + "\t");
        }
```

```
                System.out.println("\n--------------------");
            }
        }
```

程序运行结果如下：

该程序打印出存放不同类型数据集合中的元素。使用 ArrayList<?> list 接收任意类型的参数。需要注意的是，变量 element 的类型必须是 Object，因为使用了通配符"?"代表任意类型的数据，所以必须用 Object 类型的变量来接收。

在泛型中通配符还有另外的一种使用方式即带边界的通配符。根据不同的界限分为上界通配符和下界通配符。

上界通配符：泛型中只允许一个类自身（接口）或者子类（实现接口的类）作为参数传入，使用 extends 关键字来声明，表示泛型的类型可能是所指定的类型或者此类型的子类，具体格式如下。

定义类： [访问权限] 类名称<泛型类型参数 extends 类>{}

声明对象： 类名称<? extends 类> 对象名称

下界通配符：表示泛型中只允许一个类自身或者该类的父类作为参数传入，使用 super 进行声明，表示泛型的类型可能是所指定的类型，或者是此类型的父类型，或是 Object 类。具体格式如下。

定义类： [访问权限] 类名称<泛型类型参数 extends 类>{}

声明对象： 类名称<? super 类> 对象名称

如下示例代码演示了上界通配符的使用。

```java
import java.util.ArrayList;
public class GenDemo03 {
    public static void main(String[] args) {
        // 实例化 double 类型的泛型对象
        ArrayList<Double> list1 = new ArrayList<Double>();
        list1.add(30.0);                // 添加对应类型的数据
        list1.add(60.0);                // 添加对应类型的数据
        System.out.println("double 对象的平均值：" + getAverage(list1));
        // 实例化整型类型的泛型对象
        ArrayList<Integer> list2 = new ArrayList<Integer>();
        list2.add(1);                   // 添加对应类型的数据
        list2.add(2);                   // 添加对应类型的数据
        System.out.println("Integer 对象平均值："+getAverage(list2));
        // ArrayList<String> list3 = new ArrayList<String>();
        // System.out.println(getAverage(list3));
    }
    public static double getAverage(ArrayList<? extends Number>list){
        double total = 0.0;
```

```
        for (Number number : list) {
                total += number.doubleValue();
        }
                return total/list.size();
        }
    }
```

程序运行结果如下：

```
[Problems] [@ Javadoc] [Declaration] [Console ☒]
<terminated> GenDemo03 [Java Application] E:\J2EE相关\eclips
double对象的平均值: 45.0
Integer对象平均值: 1.5
```

程序用来计算数据类型集合中数据的平均值。静态方法 getAverage 使用了上界通配符，Number 类是该泛型传入参数类型的上界。程序中注释的代码是不能接受的类型数据。

通常下界通配符在实际开发中很少使用，本书不再举例。

12.1.5　泛型接口

在 JDK1.5 之后的很多接口都加入了泛型的支持，为防止在使用这些接口时出现安全警告信息，都要指定具体的泛型类型。

和泛型类相似，也可以在接口上声明泛型，使用泛型定义的接口称为泛型接口，定义格式与泛型类类似，在接口名称后面加上<T>即可，格式如下所示。

```
[访问权限] interface 接口名<类型参数标识>{
        接口体
    }
```

泛型接口定义完成后，要定义此泛型接口的子类。定义泛型接口的子类有两种方式，一种是直接在子类后声明泛型，示例代码如下。

```
interface Message<T> {                    // 泛型接口
    public String echo(T msg) ;
}
// 实现类声明泛型
class MessageImpl<T> implements Message<T> {
    public String echo(T msg) {
        return "ECHO : " + msg;
    }
}
public class GenInfDemo {
    public static void main(String[] args)    throws Exception{
        // 实例化对象时指定泛型类型
        Message<String> msg = new MessageImpl<String>() ;
        System.out.println(msg.echo("Hello World!!!"));
    }
}
```

另一种是直接在子类实现的接口中明确给出泛型类型，示例代码如下。

```
interface Message<T> {                    // 泛型接口
```

```
        public String echo(T msg) ;
    }
    //实现类指定泛型类型
    class MessageImpl implements Message<String> {
        public String echo(String msg) {
            return "ECHO : " + msg;
        }
    }
    public class GenInfDemo {
        public static void main(String[] args) throws Exception {
            // 实例化对象时不用指定泛型类型
            Message<String> msg = new MessageImpl() ;
            System.out.println(msg.echo("Hello World!!!"));
        }
    }
```

12.1.6 泛型方法

泛型操作不仅可用于整个类、接口的泛型化，同样也可以在类中定义泛型方法。泛型方法的定义与其所在的类是否是泛型类型无关，所在的类可以是泛型类，也可以不是泛型类。要定义泛型方法，只需将泛型参数列表置于返回值前。定义格式如下。

[访问权限]<泛型标识> 泛型标识 方法名（[泛型标识] 参数名称）{}

示例代码如下:

```
    public class GenericMethodDemo {
        public <T> void f(T x) {
            System.out.println(x.getClass().getName());
        }
        public static void main(String[] args) {
            GenericMethodDemo gm = new GenericMethodDemo();
            gm.f(" ");
            gm.f(10);
            gm.f('a');
            gm.f(gm);
        }
    }
```

程序运行结果如下:

```
Problems  @ Javadoc  Declaration  Console  X
<terminated> GenericMethodDemo [Java Application] E:\J2EE相
java.lang.String
java.lang.Integer
java.lang.Character
lesson10_generics.GenericMethodDemo
```

使用泛型方法时不必指明参数类型，编译器会自己找出具体的类型。泛型方法除了定义不同，调用和普通方法一样。

需要注意：一个 static 方法，无法访问泛型类的类型参数，所以，若要 static 方法能使用泛型，必须使其成为泛型方法。

12.2　枚举

创建枚举类型的主要目的是定义一些枚举常量。枚举的基本定义格式如下：

```
[public] enum 枚举类型名 {
        枚举常量 1，枚举常量 2，......，枚举常量 n
}
```

要取得枚举中的全部内容，需要使用枚举方法 values()，使用形式是枚举名.values()，返回的是一个对象数组，之后直接使用 foreach 进行输出。

枚举中的每个类型数据都可以使用 switch 进行判断，但在 switch 语句中使用枚举类型时，一定不能在每一个枚举类型值的前面加上枚举名（如枚举名.values()），应该直接使用枚举常量。示例代码如下：

```
enum E_SEASON {
        春,夏,秋,冬
}
public class EnumDemo {
        public static void main(String[] args) {
                // 声明、定义一个枚举数组
                E_SEASON[] es = E_SEASON.values();
                for (E_SEASON eSEASON : es) {
                        switch (eSEASON) {
                        case 春:
                                System.out.println("春天");
                                break;
                        case 夏:
                                System.out.println("夏天");
                                break;
                        case 秋:
                                System.out.println("秋天");
                                break;
                        case 冬:
                                System.out.println("冬天");
                                break;
                        }
                }
        }
}
```

程序中 enum 关键字表示的是 java.lang.Enum 类型，即使用 enum 声明的枚举类型就相当于定义一个类，而此类默认继承 java.lang.Enum 类。java.lang.Enum 类的定义如下：

```
public abstract class Enum<E extends Enum<E>>
        extends Object
        implements Comparable<E>, Serializable
```

Enum 类实现了Comparable和Serializable两个接口，所以枚举类型可以使用比较器或进行序列化操作。Enum 类常用方法如表 12-1 所示。

表 12-1　Enum 类常用方法

序号	方法名称	功能简介
1	protected Enum(String name,int ordinal)	构造方法
2	public final String name()	返回此枚举的名称
3	public final int ordinal()	返回此枚举常量的序数
4	public final boolean equals(Object other)	比较指定对象与此枚举常量，相等时返回 true
5	public final int compareTo(E o)	比较对象。<、=、>时，分别返回负整数、零或正整数

如下示例代码演示了 Enum 类几种方法的使用。

```java
import java.util.Iterator;
import java.util.Set;
import java.util.TreeSet;
public class EnumDemo01 {
    public static void main(String[] args) {
        // 声明、定义一个枚举数组
        E_SEASON[] es = E_SEASON.values();
        for (E_SEASON eSEASON : es) {
            System.out.println(eSEASON.ordinal() + "->" + eSEASON.name());
        }
        Set<E_SEASON> tree = new TreeSet<E_SEASON>();
        tree.add(E_SEASON.冬);
        tree.add(E_SEASON.夏);
        tree.add(E_SEASON.秋);
        tree.add(E_SEASON.春);
        Iterator<E_SEASON> it = tree.iterator();
        while (it.hasNext()) {
            System.out.println(it.next());
        }
    }
}
```

12.3　Annotation

JDK1.5 及之后的版本提供了对元数据（Metadata）的支持，这种元数据称为 Annotation，或者称为注解。Annotation 可以修饰类、属性、方法，而且 Annotation 不影响程序的运行，无论是否使用 Annotation 代码都可以正常运行。

Annotation 有系统内建和用户自定义两种，本书简单介绍系统内建的 Annotation。

系统内建了 3 个 Annotation 类型，用户可以直接使用，都在 java.lang 包中。

　　public @interface Override：覆写的 Annotation

public @interface Deprecated：不再使用

public @interface SuppressWarnings：压制安全警告的 Annotation

常用的是覆写的 Annotation，前面示例代码中已经使用过。如下示例代码所示。

```java
public class AnnotationDemo {
    // 覆写 Object 类方法
    public String toString() {
        return super.toString();
    }
    public static void main(String[] args) {
    }
}
```

本章小结

本章详细介绍了 Java 泛型的使用方法，并简要介绍了枚举和注解的使用。请读者在开发中有效地使用 JDK1.5 之后的这些特性。

习　题

12-1　为什么要有泛型？

12-2　简述泛型类（含集合类）应用中的使用要点。

12-3　简述枚举类的主要方法。

第 13 章 Java 反射机制

本章内容：介绍 Java 的反射机制，反射机制的功能及实现。

学习目标：

- 了解反射的基本原理
- 掌握 Class 类的使用
- 通过反射机制动态地调用类中的指定方法，并能向这些方法中传递参数等

13.1 Java 的反射机制

一般而言，开发者对动态语言大致认同的一个定义是："程序运行时，允许改变程序结构或变量类型，这种语言称为动态语言"。从这个观点看， Java 不是动态语言。尽管在这样的定义与分类下 Java 不是动态语言，但它却有着一个非常突出的动态相关机制，即 Java 的反射机制。

Java 反射机制是在运行状态中，对于任意一个类，都能够知道这个类的所有属性和方法；对于任意一个对象，都能够调用它的任意一个方法和属性。这种动态获取的信息以及动态调用对象的方法的功能称为 Java 语言的反射机制。

Java 反射机制主要提供了以下功能：

（1）在运行时判断任意一个对象所属的类。

（2）在运行时构造任意一个类的对象。

（3）在运行时判断任意一个类所具有的成员变量和方法。

（4）在运行时调用任意一个对象的方法。

（5）生成动态代理。

13.2 Class 类及使用

13.2.1 引入 Class 类

Java 中有一个 Object 类，它是所有 Java 类的父类，Object 类中声明了几个应该在所有 Java 类中被改写的方法：hashCode()、equals()、clone()、toString()、getClass()等。其中 getClass()方法返回一个 Class 类，getClass()方法的定义如下：

```
public final Class<?> getClass()
```

此方法可以通过一个实例化对象找到一个类的完整信息，示例代码如下。

```
package cn.zknu.jsj.sam;
class Test {                          // 声明一个 Test 类
```

```
    }
    public class ClassDemo01 {
        public static void main(String[] args) {
            Test t = new Test();                    // 实例化 Test 类的对象
            // 获取对象 t 的类名
            System.out.println(t.getClass().getName());
            System.out.println(t.getClass().getName());
        }
    }
```

程序运行结果如下：

```
Console ⊠       Problems   @ Javadoc   D
<terminated> ClassDemo01 [Java Application] E:\J2EE
cn.zknu.jsj.sam.Test
cn.zknu.jsj.sam.Test
```

从程序运行结果发现，通过一个对象得到了对象所在的完整的"包.类"名称，此即为 Java 的反射。

正常方式：引入"包.类"名称→new 实例化→取得实例化对象。

Java 反射方式：实例化对象→getClass()方法→得到完整的"包.类"名称。

Class 类十分特殊，它和一般类一样继承自 Object，其实例用以表达 Java 程序运行时的类和接口，也用来表达 enum、array、基本数据类型以及关键词 void。实际上，Java 所有类的对象都是 java.lang.Class 类的实例，因此，所有的对象都可以转换为 java.lang.Class 类型。

Class 类作为类的本身，可以完整地得到一个类中的完整结构，包括此类的方法定义、属性定义等。如表 13-1 所示是 Class 类的常用操作。

表 13-1　Class 类的常用操作

序号	方法	描述
1	public static Class<?> forName(String className)	返回完整的"包.类"名称
2	public Constructor<?>[] getConstructors()	得到一个类中的全部构造方法
3	public Field[] getDeclaredFields()	得到本类中单独定义的全部属性
4	public Field[] getFields()	得到本类继承来的全部属性
5	public Method getMethod(String name, Class<?> ... parameterTypes)	返回一个 Method 对象，并设置一个方法中的所有参数类型
6	public Method[] getMethods()	得到一个类中的全部方法
7	public String getName()	得到一个类完整的"包.类"名称
8	public Object newInstance()	根据 Class 定义的类实例化对象

在 Class 类中没有定义任何的构造方法，如果要使用必须通过 forName()的静态方法实例化对象，也可以使用"类.class"或"对象.getClass()"方法实例化，示例代码如下。

```
package cn.zknu.jsj.sam;
class Test {                                        // 声明一个 Test 类
```

```
        }
    public class ClassDemo01 {
        public static void main(String[] args) {
            Class<?> c1 = null ;              // 声明对象，指定泛型
            Class<?> c2 = null ;              // 声明对象，指定泛型
            Class<?> c3 = null ;              // 声明对象，指定泛型
            try {
                // 第 1 种方法:常用方法
                c1 = Class.forName("cn.zknu.jsj.sam.Test");
            } catch (ClassNotFoundException e) {
                e.printStackTrace();
            }
            c2 = new Test().getClass();       // 第 2 种方法
            c3 = Test.class;                  // 第 3 种方法
            System.out.println("第 1 种方法:" + c1.getName());
            System.out.println("第 2 种方法:" + c2.getName());
            System.out.println("第 3 种方法:" + c3.getName());
        }
    }
```

程序运行结果如下：

从程序运行结果发现，三种实例化 Class 对象方法的结果是一样的，常用的是 forName()
方法。

13.2.2　Class 类的使用

若用 Class 类本身来实例化其他类对象，可以使用 newInstance()方法，但是被实例化的类
中必须存在一个无参构造方法，示例代码如下。

```
    package cn.zknu.jsj.sam;
    class Test {                              // 声明一个 Test 类
        private String t_var;
        public String getT_var() {
            return t_var;
        }
        public void setT_var(String tVar) {
            t_var = tVar;
        }
    }
    public class ClassDemo02 {
        public static void main(String[] args) throws Exception {
            Class<?> c = null ;              // 声明对象，指定泛型
            c = Class.forName("cn.zknu.jsj.sam.Test");
```

```
        Test t = null;
        t = (Test)c.newInstance();
        t.setT_var("Hello world!!!");
        System.out.println("内容输出：" + t.getT_var());
    }
}
```

程序运行结果如下：

```
 Console ⨯     Problems   @ Javadoc   D
<terminated> ClassDemo02 [Java Application] E:\J2EE
内容输出：Hello world!!!
```

程序中使用了默认的无参构造方法，如果程序定义了一个有参构造方法，JVM 就不再提供无参构造方法，那么程序就无法直接使用 newInstance()方法实例化，读者可自行测试。

Java EE 开发设计中大量地应用了反射机制，如 Struts、Spring 框架等，大部分操作都是操作无参构造方法，所以在反射开发类中一定要保留无参构造方法。

如果类中没有无参构造方法，可以在操作时明确地调用类中的构造方法，并将参数传递之后才可以进行实例化操作。步骤如下：

（1）通过 Class 类中的 getConstructors()方法取得本类中的全部构造方法。

（2）向构造方法中传递一个对象数组，数组里包含构造方法中所需的各个参数。

（3）通过 Constructor 类实例化对象。

示例代码如下：

```java
package cn.zknu.jsj.sam;
import java.lang.reflect.Constructor;
class Test {                                 // 声明一个 Test 类
    private String t_str;
    private int t_int;
    public Test(String tStr, int tInt) {
        t_str = tStr;
        t_int = tInt;
    }
    public String getT_str() {
        return t_str;
    }
    public void setT_str(String tStr) {
        t_str = tStr;
    }
    public int getT_int() {
        return t_int;
    }
    public void setT_int(int tInt) {
        t_int = tInt;
    }
    public String toString() {
        return this.t_str + "\t" + this.t_int;
    }
```

```
        }
    public class ClassDemo03 {
        public static void main(String[] args) throws Exception {
            Class<?> c = null ;                    // 声明对象，指定泛型
            c = Class.forName("cn.zknu.jsj.sam.Test");
            Test t = null;
            Constructor<?> cons[] = null;          // 声明一个表示构造方法的数组
            cons = c.getConstructors();            // 通过反射取得全部构造方法
            // 向构造方法中传递参数 newInstance(可变参数);
            t = (Test)cons[0].newInstance("陈占伟",36);
            System.out.println("内容输出：" + t);
        }
    }
```

程序运行结果如下：

```
 Console ☒   Problems  @ Javadoc  D
<terminated> ClassDemo02 [Java Application] E:\J2EE
内容输出：陈占伟 36
```

13.3　反射的应用

13.3.1　取得类的结构

Java 通过反射机制还可以得到一个类的完整结构，可使用 java.lang.reflect 包中的 Constructor（类中构造方法）、Field（类中的属性）、Method 类（类中的方法）。如下示例代码演示了如何完成类的反射操作。

```
    package cn.zknu.jsj.sam;
    import java.lang.reflect.*;
    interface Zknu {
        public static final String schoolName = "周口师范学院";
        public void welcome();
    }
    class Student implements Zknu {
        private String name;
        private int age;
        public Student(){                              // 无参构造方法
        }
        public Student(String name, int age) {
            this.name = name;
            this.age = age;
        }
        public void welcome() {
            System.out.println("周口师范学院");
        }
    }
```

```
public class ClassDemo04 {
    public static void main(String[] args) throws Exception {
        Class<?> c1 = null ;                      // 声明对象，指定泛型
        c1 = Class.forName("cn.zknu.jsj.sam.Student");
        Class<?> c[] = c1.getInterfaces();        // 取得实现的全部接口
        for (int i = 0; i < c.length; i++) {
            System.out.println("实现接口名：" + c[i].getName());
        }
        Class<?> p = c1.getSuperclass();
        System.out.println("父类名：" + p.getName());
        // 取得全部构造方法
        Constructor<?> cons[] = c1.getConstructors();        // 取得全部构造方法
        for (int i = 0; i < cons.length; i++) {
            Class<?> s[] = cons[i].getParameterTypes();   // 取得构造方法中参数类型
            System.out.print("构造方法：");
            int modi = cons[i].getModifiers();
            System.out.print(Modifier.toString(modi)+"");  // 取出权限
            System.out.print(cons[i].getName());            // 取出构造方法名
            System.out.print("(");
            for (int j = 0; j < s.length; j++) {
                System.out.print(s[j].getName() + "arg" + i);
                if (j < s.length - 1) {
                    System.out.print(",");
                }
            }
            System.out.println("){}");
        }
        /* 取得类的属性和方法
        Method m[] = c1.getMethods();            // 取得全部方法
        Field f[] = c1.getDeclaredFields();       // 取得本类属性
        Field f1[] = c1.getFields();              // 取得父类公共属性
        */
    }
}
```

程序运行结果如下：

```
Console ☒    Problems   @ Javadoc   Declaration
<terminated> ClassDemo04 [Java Application] E:\J2EE相关\eclipse\jre\bin\javaw.exe (2014-4-20 下午05:41:13)
实现接口名：cn.zknu.jsj.sam.Zknu
父类名：java.lang.Object
构造方法：publiccn.zknu.jsj.sam.Student(){}
构造方法：publiccn.zknu.jsj.sam.Student(java.lang.Stringarg1,intarg1){}
```

请读者自行测试程序中注释部分的取得类中属性和方法的代码。

13.3.2　调用类中指定方法

使用反射调用类中的方法可以通过 Method 类完成，操作步骤如下：

（1）通过 Class 类的 getMethod(String name，Class<?>... parameterTypes)方法取得一个 Method 对象，并设置此方法操作时所需的参数类型；

（2）使用 invoke()方法进行调用，并向方法中传递要设置的参数。

下面是调用 setter 及 getter 方法的示例。

```
package cn.zknu.jsj.sam;
import java.lang.reflect.*;
class Student {
    private String name;
    private int age;
    public String getName() {
        return name;
    }
    public void setName(String name) {
        this.name = name;
    }
    public int getAge() {
        return age;
    }
    public void setAge(int age) {
        this.age = age;
    }
}
public class ClassDemo05 {
    public static void main(String[] args) throws Exception {
        Class<?> c = null ;   // 声明对象，指定泛型
        c = Class.forName("cn.zknu.jsj.sam.Student");
        Object obj = c.newInstance();
        setter(obj, "name", "陈占伟", String.class);
        setter(obj, "age", 36, int.class);
        System.out.print("姓名： " );
        getter(obj, "name");
        System.out.print("年龄： " );
        getter(obj, "age");

    }
    public static String initStr(String up){   // 单词首字母大写
        String str = up.substring(0,1).toUpperCase()+up.substring(1);
        return str;
    }
    public static void setter(Object obj,String att,Object value,
                        Class<?> type) throws Exception{        // 调用 setter 方法
        // 设置方法参数类型
        Method meth = obj.getClass().getMethod("set"+initStr(att),type);
        meth.invoke(obj, value);                                // 调用方法
    }
    // 调用 getter 方法
```

```java
public static void getter(Object obj,String att) throws Exception {
    Method meth = obj.getClass().getMethod("get"+initStr(att));
    System.out.println(meth.invoke(obj));
    }
}
```

程序运行结果如下：

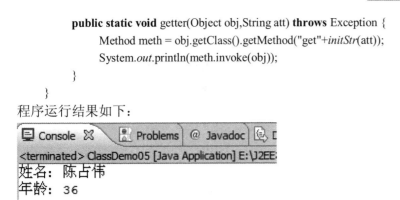

本章小结

本章简要介绍了 Java 的反射机制，主要讲解了反射的基本原理、Class 类及其使用，通过反射机制动态地调用类中的指定方法，并能向这些方法中传递参数，为 Java EE 框架的学习奠定了基础。

习　　题

13-1　在 JDK 中，主要由哪些类来实现 Java 反射机制？

13-2　Class 类是 ReflectionAPI 中的核心类，它有哪些方法？

参考文献

[1]   李兴华. Java 开发实战经典[M]. 北京：清华大学出版社，2009.

[2]   刘新、管磊等. Java 编程实战宝典[M]. 北京：清华大学出版社，2014.

[3]   杨光、伍正云. Java Web 实战开发完全学习手册[M]. 北京：清华大学出版社，2014.

[4]   [美]Cay S. Horstmann,Gary Cornell. Java2 核心技术·卷 I：基础知识（原书第 7 版）[M]. 叶乃文等译. 北京：机械工业出版社，2006.

[5]   [美]Cay S. Horstmann,Gary Cornell. Java2 核心技术·卷 II：高级特性（原书第 7 版）[M]. 陈昊鹏，王浩，姚建平等译. 北京：机械工业出版社，2006.

[6]   明日科技. Java 从入门到精通（第 4 版）. 北京：清华大学出版社，2016.

[7]   陈强. Java 项目开发实战密码. 北京：清华大学出版社，2015.

[8]   [美]Bruce Eckel. Java 编程思想[M]. 陈昊鹏译. 北京：机械工业出版社，2005.

[9]   张孝祥等. Java 基础与案例开发详解[M]. 北京：清华大学出版社，2009.

[10]   明日科技. Java 开发入门及项目实战[M]. 北京：清华大学出版社，2012.